Beiträge zur Teilhabeforschung

Reihe herausgegeben von

Markus Schäfers, Fachbereich Sozialwesen, Hochschule Fulda, Fulda, Deutschland

Gudrun Wansing, Humboldt-Universität zu Berlin, Berlin, Deutschland

Teilhabeforschung ist ein interdisziplinäres Forschungsfeld im Entstehen. Teilhabeforschung untersucht die Lebenslagen von Menschen mit Beeinträchtigungen und Behinderungen unter den normativen Perspektiven von gleichberechtigter Teilhabe und Inklusion. Dies schließt eine kritische Auseinandersetzung mit Prozessen der Diskriminierung, Benachteiligung und Ausgrenzung ein.

Die Reihe „Beiträge zur Teilhabeforschung" will die Weiterentwicklung und Profilierung dieses jungen Forschungsfeldes durch die Bereitstellung eines angemessenen Publikationsforums befördern. Dies gilt insbesondere auch für Qualifikationsarbeiten (Promotionen und Habilitationen), die sich im Feld der Teilhabeforschung verorten. Die Reihe bietet eine gemeinsame thematische Klammer für ein breites und stark ausdifferenziertes Forschungsfeld zu komplexen Phänomenen der Beeinträchtigung, Behinderung und Teilhabe, das unterschiedliche Disziplinen, Diskurse und Fachgebiete umfasst. Das Themenspektrum ist entsprechend weit gefasst und offen für neue Impulse und Entwicklungen.

Die Beiträge umfassen theoretische und empirische Zugänge zur Teilhabeforschung und werden als Monografien und Sammelbände veröffentlicht. Beiträge zur allgemeinen Grundlegung von Teilhabeforschung werden ebenso erwartet wie Beiträge zur Vertiefung und Spezialisierung.

Weitere Bände in der Reihe http://www.springer.com/series/16620

Peter Bartelheimer · Birgit Behrisch ·
Henning Daßler · Gudrun Dobslaw ·
Jutta Henke · Markus Schäfers

Teilhabe – eine Begriffsbestimmung

 Springer VS

Peter Bartelheimer
Soziologisches Forschungsinstitut
(SOFI)
Göttingen, Deutschland

Birgit Behrisch
Katholische Hochschule für Sozialwesen
Berlin
Berlin, Deutschland

Henning Daßler
Hochschule Fulda
Fulda, Deutschland

Gudrun Dobslaw
Fachhochschule Bielefeld
Bielefeld, Deutschland

Jutta Henke
Gesellschaft für innovative Sozial-
forschung und Sozialplanung e.V.
Bremen, Deutschland

Markus Schäfers
Hochschule Fulda
Fulda, Deutschland

Beiträge zur Teilhabeforschung
ISBN 978-3-658-30609-0   ISBN 978-3-658-30610-6   (eBook)
https://doi.org/10.1007/978-3-658-30610-6

Die Deutsche Nationalbibliothek verzeichnet diese Publikation in der Deutschen Nationalbiblio-
grafie; detaillierte bibliografische Daten sind im Internet über http://dnb.d-nb.de abrufbar.

Planung/Lektorat: Cori Antonia Mackrodt
Springer VS ist ein Imprint der eingetragenen Gesellschaft Springer Fachmedien Wiesbaden
GmbH und ist ein Teil von Springer Nature.
Die Anschrift der Gesellschaft ist: Abraham-Lincoln-Str. 46, 65189 Wiesbaden, Germany.

Geleitwort

Das Aktionsbündnis Teilhabeforschung wurde gegründet, um die Forschung zu und mit Menschen mit Behinderungen unter der Leitidee der Teilhabe neu auszurichten und die beteiligten Disziplinen in Deutschland zusammenzuführen.

Teilhabeforschung weiterzuentwickeln ist ein interdisziplinäres Unterfangen. Es setzt den Austausch über theoretische Konzepte, Klassifikationen und Theorien, über Forschungsmethoden und Befunde voraus, aber auch die Analyse gesellschaftlicher Rahmenbedingungen. Markus Schäfers und Gudrun Wansing haben den ersten Kongress der Teilhabeforschung 2019 an der Humboldt-Universität zu Berlin maßgeblich organisiert. Als Herausgeber und Herausgeberin einer Buchreihe, die mit diesem Band beginnt, eröffnen sie einen weiteren Ort für Wissenschaftler*innen, um Fortschritte, Positionen und Befunde der Teilhabeforschung zu präsentieren.

Das Aktionsbündnis Teilhabeforschung, das von Forscher*innen, von Selbstvertretungen von Menschen mit Behinderung und von Wohlfahrtsverbänden getragen wird, dankt dem Herausgeberduo für ihr Engagement. Wir wünschen dieser Buchreihe wissenschaftlich fundierte und kreative Beiträge, zahlreiche Leser*innen, die sich inspirieren lassen, sowie eine nachhaltige Wirkung in der Forschung und zugunsten der Teilhabechancen von Menschen mit Behinderungen.

Sprecher des Aktionsbündnisses Teilhabeforschung

Prof. Dr. Friedrich Dieckmann

Vorwort des Herausgebers und der Herausgeberin zum ersten Band der Reihe

Teilhabe steht für eine gesellschaftspolitische Leitidee. Alle Menschen sollen gleichberechtigt ein anerkanntes Leben nach eigenen Vorstellungen führen und in der Gesellschaft mitbestimmen können. Teilhabe ist vor allem in der Politik für Menschen mit Behinderungen, in den professionellen Unterstützungssystemen und seitens der Interessenvertretung von Menschen mit Behinderungen zu einem zentralen Leitbegriff geworden.

Teilhabeforschung zielt darauf, der Auseinandersetzung mit Fragen der Teilhabe das notwendige wissenschaftliche Fundament zu geben. Ein solches Fundament braucht den lebendigen Diskurs zum Begriff und zu Theorien der Teilhabe, und es braucht verlässliche Daten zum Stand der Teilhabe und ihrer Entwicklung. Insbesondere die Teilhabeberichte der Bundesregierung über die Lebenslagen von Menschen mit Beeinträchtigungen legen offen, dass in vielen Lebensbereichen und zu unterschiedlichen Personengruppen fundiertes Wissen über die Teilhabechancen fehlt.

Im Zusammenhang mit der Erforschung der Lebenslagen, Teilhabe und Partizipation von Menschen mit Behinderungen hat sich Teilhabeforschung zu einem zentralen wissenschaftlichen Bezugspunkt entwickelt. Die mit diesem Band startende Buchreihe soll Beiträge für dieses noch junge Forschungsfeld bündeln, die seine Profilierung und Etablierung unterstützen.

Wir als Herausgeber und Herausgeberin verbinden mit der Buchreihe die Vision, dass Teilhabeforschung für viele zu einer wissenschaftlichen Heimat wird, zu einem Ort des interdisziplinären Diskurses zu Fragen der Teilhabe und Behinderung von Teilhabe. Wir wünschen Ihnen, liebe Leser*innen, eine gewinnbringende Lektüre des ersten Bandes und derer, die noch folgen werden.

Markus Schäfers
Gudrun Wansing

Vorwort

Was bedeutet Teilhabe? Mit dieser schlicht formulierten und dennoch inhaltlich komplexen Fragestellung hat sich die *AG Begriffe & Theorien* im *Aktionsbündnis Teilhabeforschung* beschäftigt. Das Aktionsbündnis setzt sich für eine Forschung zu den Lebenslagen von Menschen mit Behinderungen anhand der Leitidee der Teilhabe ein.

Teilhabeforschung ist ein junges Forschungsfeld, vielmehr: ein Forschungsfeld im Entstehen. Sie kann daher nicht auf eine eigene lange Begriffsgeschichte zurückgreifen. Wer aber Teilhabeforschung betreiben will, kommt nicht umhin, sich mit dem Teilhabebegriff auseinanderzusetzen. Das haben wir als Autor*innengruppe aus den Reihen der AG Begriffe & Theorien mit der vorliegenden Begriffsbestimmung getan.

Der Text ist das Resultat einer mehr als dreijährigen Diskussion um Bezugstheorien von Teilhabe, ihren Begriffskern und Möglichkeiten der Abgrenzung von anderen Begriffen. Wir hoffen, dass er im besten Sinne des Wortes „kritikwürdig" ist – und dazu wollen wir die Leserschaft auch herzlich einladen.

Die vorliegende Begriffsbestimmung ist nicht apodiktisch zu verstehen. Wir haben sie in dem Bewusstsein verfasst, dass es weitere und ganz andere Deutungsvarianten und Lesarten von Teilhabe geben kann. Wenn dieser Text dazu anregt, die notwendige Begriffsdiskussion aktiv zu führen und voranzutreiben, um einer Teilhabeforschung das nötige Fundament zu verschaffen, hat er sein Ziel erreicht.

Göttingen	Peter Bartelheimer
Berlin	Birgit Behrisch
Fulda	Henning Daßler
Bielefeld	Gudrun Dobslaw
Bremen	Jutta Henke
Fulda	Markus Schäfers

Inhaltsverzeichnis

1 Einleitung 1
  Literatur. 3

2 Teilhabe in unterschiedlichen sozialpolitischen Handlungsfeldern 5
  2.1 Rehabilitation und Behindertenhilfe 5
  2.2 Weitere sozialpolitische Handlungsfelder 8
    2.2.1 Grundsicherung und Arbeitsförderung im SGB II. 8
    2.2.2 Kinder- und Jugendhilfe. 10
    2.2.3 Wohnungslosenhilfe, Hilfen zur Überwindung
           besonderer sozialer Schwierigkeiten 12
    2.2.4 Migration und Flucht 13
  2.3 Zwischenresümee. 15
  Literatur. 16

3 Konzeptionelle Grundlagen 19
  3.1 International Classification of Functioning, Disability
       and Health (ICF) 20
  3.2 Lebenslage 24
  3.3 Befähigung (Capability). 27
  3.4 Teilhabe nach Lebenslagen- und Befähigungsansatz. 30
  Literatur. 37

4 Zum Begriffskern von Teilhabe 43
  Literatur. 48

5   Verhältnis zu verwandten Begriffen 49
   5.1   Partizipation 49
   5.2   Inklusion 52
   5.3   Integration 54
   Literatur. 56

6   Teilhabe als Forschungsperspektive 59
   6.1   Grundlagenforschung: Begriffsklärung und Aufklärung über
        Bedingungen von Teilhabe. 59
   6.2   Anwendungsorientierung – auch über Handlungsfelder hinweg 60
   6.3   Methodische Zugänge zu Teilhabe als Prozess 62
   6.4   Individuelle Teilhabe erfassen 62
   6.5   Partizipative Forschung 63
   Literatur. 63

Abkürzungsverzeichnis

a. F.   alte Fassung
AG   Arbeitsgruppe
Art.   Artikel
AsylbLG   Asylbewerberleistungsgesetz
AufenthG   Aufenthaltsgesetz
BKGG   Bundeskindergeldgesetz
BMAS   Bundesministerium für Arbeit und Soziales
BMBF   Bundesministerium für Bildung und Forschung
BMFSFJ   Bundesministerium für Familie, Senioren, Frauen und Jugend
BTHG   Bundesteilhabegesetz
BVerfG   Bundesverfassungsgericht
DIMDI   Deutsches Institut für Medizinische Dokumentation und Information
DVO   Durchführungsverordnung
HDI   Human Development Index (United Nations Development
             Programme, UNDP)
ICD   International Statistical Classification of Diseases and Related
             Health Problems (ICD), dt.: Internationale statistische Klassifikation
             der Krankheiten und verwandter Gesundheitsprobleme (Weltgesund-
             heitsorganisation, WHO)
ICF   International Classification of Functioning, Disability and
             Health, dt.: Internationale Klassifikation der Funktionsfähigkeit,
             Behinderung und Gesundheit (Weltgesundheitsorganisation, WHO)
KiZ   Kinderzuschlag (nach Bundeskindergeldgesetz, BKGG)
KJHG   Kinder- und Jugendhilfegesetz
n. F.   neue Fassung
OECD   Organisation for Economic Cooperation and Development, dt.:
             Organisation für wirtschaftliche Zusammenarbeit und Entwicklung

SGB II	Zweites Buch Sozialgesetzbuch – Grundsicherung für Arbeitsuchende
SGB IX	Neuntes Buch Sozialgesetzbuch – Rehabilitation und Teilhabe von Menschen mit Behinderungen
SGB VIII	Achtes Buch Sozialgesetzbuch – Kinder und Jugendhilfe
SGB XII	Zwölftes Buch Sozialgesetzbuch – Sozialhilfe
UN-BRK	UN-Konvention über die Rechte von Menschen mit Behinderungen (Behindertenrechtskonvention)
UNDP	United Nations Development Programme, dt.: Entwicklungsprogramm der Vereinten Nationen
UNESCO	United Nations Educational, Scientific and Cultural Organization, dt.: Organisation der Vereinten Nationen für Bildung, Wissenschaft, Kultur und Kommunikation
WHO	World Health Organization; dt.: Weltgesundheitsorganisation

Einleitung

1

In Forschungszusammenhängen zu Behinderung bietet der Teilhabebegriff einen gemeinsamen Bezugspunkt, an dem sich Fragestellungen, Ansätze und Methoden von Forschung orientieren können. Allerdings wird der Begriff häufig mit anderen Begriffen wie Partizipation, Integration und Inklusion gleichgesetzt. Das vorliegende Buch soll zu einem klareren Begriffsverständnis von Teilhabe und damit zur theoretischen Verortung und Reflexion von Teilhabeforschung beitragen.

Das Aktionsbündnis Teilhabeforschung hat sich 2015 gegründet, um die Forschung zu den Lebenslagen von Menschen mit Behinderungen anhand der Leitidee der Teilhabe weiterzuentwickeln, zu profilieren und zu stärken (vgl. Aktionsbündnis Teilhabeforschung 2015). Damit greift das Aktionsbündnis wichtige fachliche, sozialpolitische und rechtliche Entwicklungen auf, die mit dem Teilhabebegriff verbunden sind – sowohl auf internationaler als auch auf nationaler Ebene.

Die Weltgesundheitsorganisation (WHO 2001) fasst in ihrer Klassifikation der Funktionsfähigkeit, Behinderung und Gesundheit (ICF) „Behinderung" als Teilhabebeeinträchtigung. Die UN-Konvention über die Rechte von Menschen mit Behinderungen (UN-BRK) spiegelt dieses Behinderungsverständnis wider. Ein zentraler Grundsatz der Konvention ist die „volle und wirksame Teilhabe an der Gesellschaft und Einbeziehung in die Gesellschaft" (Art 3c UN-BRK).

In die sozialpolitische Programmatik und Gesetzgebung hat der Teilhabebegriff ebenfalls Eingang gefunden. Das gilt für Rehabilitation und Behindertenhilfe, darüber hinaus auch für weitere Handlungsfelder wie beispielsweise die

Grundsicherung und Arbeitsförderung, Wohnungslosenhilfe, Migration und
Flucht sowie für die Altenhilfe (Bartelheimer und Henke 2018; Breuer 2013).

In Forschungszusammenhängen zu Behinderung und Beeinträchtigung bietet
der Teilhabebegriff eine inhaltliche und konzeptionelle Klammer an, einen
gemeinsamen Bezugspunkt, an dem sich Fragestellungen, Ansätze und Methoden
von Forschung orientieren können – ungeachtet der Pluralität von Forschung und
unterschiedlicher disziplinärer Zugänge und Perspektiven, die notwendig sind,
um der Komplexität von Behinderung gerecht zu werden. Der Teilhabebegriff
hat das Potenzial, als Leitkonzept zu fungieren. Eine Herausforderung besteht
jedoch darin, dass der Teilhabebegriff in verschiedenen Anwendungskontexten
unterschiedlich akzentuiert wird. Zudem erscheint es in wissenschaftlichen und
fachpraktischen Zusammenhängen häufig so, als seien Begriffe wie Partizipation,
Integration, Inklusion und eben Teilhabe bedeutungsgleich; zumindest wird
kaum herausgestellt, worin sich die Begriffe unterscheiden und was sie jeweils
bezeichnen.

In diesem Buch wird davon ausgegangen, dass zwischen den genannten
Begriffen zwar ein Zusammenhang besteht, sie jedoch nicht dasselbe meinen. Sie
begrifflich zu unterscheiden, ermöglicht präzisere theoretische Bestimmungen,
die bislang in dieser Form erst in Ansätzen vorgenommen wurden.

Das vorliegende Buch soll zu einem klareren Begriffsverständnis von Teilhabe und damit zur theoretischen Verortung und Reflexion von Teilhabeforschung beitragen. Eine Begriffsklärung ist nicht nur in Bezug auf die
Kommunikation über Teilhabe (in Arbeitszusammenhängen des Bündnisses)
relevant, sondern auch in Anbetracht der Verbreitung des Teilhabebegriffs sinnvoll. Mit einem über die Politik- und Arbeitsfelder hinweg geteilten Bedeutungskern wird dieser insbesondere auch für das Verständnis und die Bearbeitung
derjenigen sozialen Probleme interessant, die Bereichsgrenzen und klare
leistungsrechtliche Zuordnungen überschreiten bzw. sich an deren Schnittstellen
bewegen. Intersektionelle Benachteiligungen lassen sich gut als Häufungen und
Zuspitzungen von Teilhabeeinschränkungen beschreiben.

Um den Teilhabebegriff in seiner theoretischen Bestimmung deutlicher zu
konturieren, wird in Kap. 2 zunächst die Verwendung des Begriffs in den unterschiedlichen sozialpolitischen Anwendungskontexten analysiert und der Gehalt
des Teilhabebegriffs für das jeweilige Handlungsfeld rekonstruiert.

Im nächsten Schritt werden in Kap. 3 grundlegende wohlfahrtstheoretische
und sozialwissenschaftliche Konzepte wie das der Lebenslage und der
Befähigung (Teilhabechancen, Capabilities) herangezogen, um den Teilhabebegriff für den Diskurs um Behinderung und für andere sozialpolitische Handlungsfelder zu bestimmen.

Als Ergebnis lassen sich wesentliche Elemente des Teilhabebegriffs festhalten (Kap. 4).

Auf dieser Grundlage wird in Kap. 5 das Verhältnis von Teilhabe zu verwandten Begriffen, wie Partizipation, Inklusion und Integration, geklärt. Diese Begriffe werden hinzugezogen, weil auch sie jeweils den Bezug zwischen Individuum und Gesellschaft auf spezifische Weise nachzeichnen.

Abschließend wird in Kap. 6 der Nutzen der so vorgenommenen Begriffsbestimmung für die Teilhabeforschung herausgestellt.

Literatur

Aktionsbündnis Teilhabeforschung. (2015). Aktionsbündnis Teilhabeforschung – für ein neues Forschungsprogramm zu Lebenslagen und Partizipation von Menschen mit Behinderungen. Gründungserklärung (Stand: 4. Februar 2015). https://teilhabe-forschung.org/index.php/ueber-uns/gruendungserklaerung. Zugegriffen: 21. Apr. 2020.

Bartelheimer, P., & Henke, J. (2018). *Vom Leitziel zur Kennzahl. Teilhabe messbar machen.* Düsseldorf: FGW-Publikationen.

Breuer, M. (2013). „Teilhabe" als Leitbegriff der Altenhilfe – Konflikte unter Akteuren in einem heteronomen Feld. *Sozialer Fortschritt, 4,* 115–122.

WHO – World Health Organization. (2001). *International classification of functioning, disability and health.* Geneva: WHO.

Teilhabe in unterschiedlichen sozialpolitischen Handlungsfeldern

2

In vielen sozialpolitischen Handlungsfeldern ist Teilhabe inzwischen zu einem Leitbegriff geworden. In diesem Kapitel wird für den Bereich der Rehabilitation und Behindertenhilfe sowie für Grundsicherung, Kinder- und Jugendhilfe, Wohnungslosenhilfe und für Migration und Flucht heraus- gearbeitet, wie der Teilhabebegriff in den verschiedenen sozialpolitischen Kontexten verwendet wird, welche Funktionen er erfüllt und welche Bedeutungsfacetten er erhält. Gemeinsamkeiten und Unterschiede der Begriffsverwendung zu rekonstruieren, hilft dabei, den begrifflichen Kern von Teilhabe zu identifizieren.

2.1 Rehabilitation und Behindertenhilfe

UN-Konvention über die Rechte von Menschen mit Behinderungen

Mit der Behindertenrechtskonvention der Vereinten Nationen (UN-BRK) wurde der universelle Rechtsanspruch behinderter Menschen auf „volle und wirksame Teilhabe an der Gesellschaft und Einbeziehung in die Gesellschaft" (Art. 3c UN-BRK) menschenrechtlich begründet. Die UN-BRK bekräftigt die staatliche Ver- pflichtung, „Grundfreiheiten für alle Menschen mit Behinderungen ohne jede Diskriminierung aufgrund von Behinderung zu gewährleisten und zu fördern" (Art. 4 Abs. 1 UN-BRK).

Der Teilhabeanspruch ist universell und umfassend angelegt, er betrifft alle Menschen mit Behinderungen und alle Teilhabedimensionen. Der Anspruch auf „Teilhabe am bürgerlichen, politischen, wirtschaftlichen, sozialen und kulturellen Leben" (Präambel UN-BRK) wird auf verschiedene gesellschaftliche Lebens-

© Der/die Herausgeber bzw. der/die Autor(en), exklusiv lizenziert durch Springer Fachmedien Wiesbaden GmbH, ein Teil von Springer Nature 2020
P. Bartelheimer et al., *Teilhabe – eine Begriffsbestimmung,* Beiträge zur Teilhabeforschung, https://doi.org/10.1007/978-3-658-30610-6_2

bereiche bezogen und für alle Funktionssysteme näher bestimmt, u. a. für Wohnen und Gemeinde (Art. 19), Bildung (Art. 24), Politik und Öffentlichkeit (Art. 29), Kultur, Freizeit und Sport (Art. 30).

Teilhabe im Sinne der UN-BRK ist also mehrdimensional und bezieht sich auf verschiedene Lebensbereiche bzw. gesellschaftlich geprägte Funktionssysteme. Teilhabe an der Gesellschaft ist immer als Teilhabe in verschiedenen gesellschaftlichen Systemen und Facetten zu denken.

Dabei stellt die Norm gleichberechtigter und selbstbestimmter Teilhabe auch institutionelle Sondersysteme infrage, und sie begründet Leistungsansprüche: Menschen mit Behinderungen dürfen nicht verpflichtet werden, „in besonderen Wohnformen zu leben" (Art. 20), sie haben das Recht auf inklusive Bildung im allgemeinen Schulsystem (Art. 24) und ein Recht auf ungehinderten Zugang zu einem inklusiven Arbeitsmarkt (Art. 27). Hier treffen sich die Begriffe Teilhabe und Inklusion (participation and inclusion). Auffällig ist dabei, dass der Inklusionsbegriff (im Sinne von Einbeziehung) in der UN-BRK vor allem in Verbindung mit gesellschaftlich ausdifferenzierten Lebensbereichen auftritt (z. B. Bildungs- und Beschäftigungssystem) (Kastl 2017, S. 219 f.). Insgesamt dominiert in der UN-BRK aber der Begriff Teilhabe (participation).

Mit dem Nationalen Aktionsplan zur Umsetzung der UN-BRK (BMAS 2011a; BMAS 2016a), dem Ersten Staatenbericht (BMAS 2011b) und den beiden Teilhabeberichten über die Lebenslagen von Menschen mit Beeinträchtigungen (BMAS 2013; 2016b) hat die Bundesregierung die Perspektive der UN-BRK übernommen. Der Begriff der Teilhabe ist die zentrale Bezugsgröße der Berichterstattung.

Der Teilhabebegriff der UN-BRK markiert einen veränderten gesellschaftlichen Umgang mit Behinderungen: Menschen mit Behinderungen werden als Bürgerinnen und Bürger mit gleichen Rechten anerkannt und dabei unterstützt, diese Rechte geltend zu machen. Indem Teilhaberechte „den Handlungsspielraum von Rechtssubjekten erweitern" (Rambausek 2017, S. 84), zielen sie auf Freiheitsverwirklichung.

SGB IX und Bundesteilhabegesetz

„Teilhabe" und „Selbstbestimmung" waren – ohne weitere rechtliche Konkretisierung – bereits im Jahre 2001 die Schlüsselbegriffe einer Reform des Behindertenrechts, die zur Einführung des Neunten Buchs Sozialgesetzbuch – Rehabilitation und Teilhabe behinderter Menschen – (SGB IX) führte. Mit dem 2016 verabschiedeten Bundesteilhabegesetz (BTHG) wurde das Teilhaberecht im Sinne der UN-BRK weiterentwickelt und das SGB IX in verschiedenen Stufen umfassend verändert (Deutscher Bundestag 2016). Durch die Reform ist Teilhabe in einem sozialstaatlichen Handlungsfeld zu einem zentralen Rechtsbegriff geworden.

Menschen mit Behinderungen erhalten nach dem SGB IX sogenannte Teilhabeleistungen, um Benachteiligungen zu vermeiden und eine gleichberechtigte Teilhabe am gesellschaftlichen Leben zu ermöglichen (§ 1 SGB IX a.F.) bzw. „um ihre Selbstbestimmung und ihre volle, wirksame und gleichberechtigte Teilhabe am Leben in der Gesellschaft zu fördern, Benachteiligungen zu vermeiden oder ihnen entgegenzuwirken" (§ 1 SGB IX n.F.).

Der Teilhabebegriff ist unmittelbar an die rechtliche Behinderungsdefinition gekoppelt, wonach „Menschen mit Behinderungen (...) Menschen (sind), die körperliche, seelische, geistige oder Sinnesbeeinträchtigungen haben, die sie in Wechselwirkung mit einstellungs- und umweltbedingten Barrieren an der gleichberechtigten Teilhabe an der Gesellschaft mit hoher Wahrscheinlichkeit länger als sechs Monate hindern können (...)" (§ 2 Abs. 1 SGB IX). Mit der Annahme, dass Teilhabe als Ergebnis der Wechselwirkung zwischen Beeinträchtigungen und einstellungs- und umweltbedingten Barrieren zu verstehen ist (relationaler Teilhabebegriff), wird ein Bezug zum bio-psycho-sozialen Modell der ICF hergestellt (s. Kap. 3).

Auch der Zugang zur Eingliederungshilfe, dem größten Leistungsbereich des SGB IX, wird nach dem BTHG unter Rückgriff auf den Teilhabebegriff bestimmt. Während bislang entscheidend war, ob eine Behinderung „wesentlich" ist, wird zukünftig der Zugang zu Leistungen der Eingliederungshilfe nach der Einschränkung der Fähigkeit zur Teilhabe an der Gesellschaft bemessen werden (Schmitt-Schäfer 2017, S. 2). Eine solche Einschränkung „in erheblichem Maße" liegt nach BTHG vor, „wenn die Ausführung von Aktivitäten in einer größeren Anzahl der Lebensbereiche nach Absatz 4 (Lebensbereiche der ICF, Anm. d. Verf.) nicht ohne personelle oder technische Unterstützung möglich oder in einer geringeren Anzahl der Lebensbereiche auch mit personeller oder technischer Unterstützung nicht möglich ist" (Art. 25a § 99 Abs. 1 BTHG).

Den bisher unbestimmten Rechtsbegriff der ‚sozialen Teilhabe' definiert das SGB IX n.F. als „gleichberechtigte Teilhabe am Leben in der Gemeinschaft" in Form einer „möglichst selbstbestimmten und eigenverantwortlichen Lebensführung im eigenen Wohnraum sowie in ihrem Sozialraum" (§§ 76 – 84 und § 113 SGB IX n.F.). Ein für Ergänzungen offener Leistungskatalog präzisiert, wie soziale Teilhabe erreicht werden soll.

Insgesamt sind die Bezüge zum Teilhabebegriff im SGB IX zahlreich. Teilhabe wird zum Ausgangspunkt und zum Ziel sozialstaatlicher Interventionen: Die beeinträchtigte Teilhabe ist Auslöser, die gleichberechtigte Teilhabe das

Ziel der Leistungen. Es geht darum, dass Menschen mit Behinderungen Zugang zu gesellschaftlich anerkannten Lebensmöglichkeiten haben. Leistungen zur Teilhabe sollen dafür Ressourcen vermitteln, Benachteiligungen vermeiden und Barrieren abbauen. Dabei wird Teilhabe in Beziehung gesetzt mit Selbstbestimmung und statt einer beschützenden Versorgung wird die Unterstützung einer individuellen Lebensführung in den Mittelpunkt gestellt.

2.2   Weitere sozialpolitische Handlungsfelder[1]

Die Entwicklung des Teilhabeverständnisses in Rehabilitation und Behindertenhilfe strahlt auch auf andere sozialpolitische Handlungsfelder aus, trifft aber dort auch auf jeweils mehr oder minder etablierte „Teilhabe-Diskurse". Dabei zeigen sich Übereinstimmungen, aber auch Unterschiede im Verständnis von Teilhabe. Die folgende Darstellung skizziert die Bedeutungsfacetten in weiteren Handlungsfeldern, beansprucht aber keine Vollständigkeit.

2.2.1   Grundsicherung und Arbeitsförderung im SGB II

Mit dem Inkrafttreten des Zweiten Buchs Sozialgesetzbuch (SGB II) – Grundsicherung für Arbeitsuchende – im Jahre 2005 sollte der Übergang zu einer aktivierenden Arbeitsmarkt- und Sozialpolitik vollzogen werden. Das dieser Reform zugrunde liegende Aktivierungsparadigma geht davon aus, „gesellschaftliche Teilhabe (und die Verwirklichungschancen zu ihrer Realisierung) sei(en) primär durch Erwerbsarbeit zu erreichen" (Koch et al. 2009, S. 16). Erwerbsfähige Hilfebedürftige sollten „umfassend" unterstützt werden, aber allein „mit dem Ziel der Eingliederung in Arbeit". Ein menschenwürdiges Mindestmaß an materieller Teilhabe gegen Arbeitsmarktrisiken zu sichern, galt nicht als positives Ziel und wirkte nur als „implizites Erbe" (Knuth und Tenambergen 2015, S. 8) des Bundessozialhilfegesetzes bei der Bestimmung der Regelleistungen fort. Der Anspruch auf Transferleistung wurde als Hemmnis für ein aktives, konzessionsbereites Suchverhalten gedeutet. Vielfältige „weitere Leistungen" (etwa Kinderbetreuung oder psychosoziale Beratung) waren immer an die Voraussetzung

---

[1]Die folgenden Unterkapitel stützen sich auf die Darstellung in Bartelheimer und Henke (2018).

gebunden, dass diese „für die Eingliederung [...] in das Erwerbsleben erforderlich" waren (§ 16 Abs. 2 SGB II [2005]). Vor allem die Rechtsprechung trug dazu bei, dass Teilhabeziele ins SGB II ‚einwanderten'. Das Bundesverfassungsgericht urteilte 2010, das Grundrecht auf Gewährleistung eines menschenwürdigen Existenzminimums sichere „jedem Hilfebedürftigen diejenigen materiellen Voraussetzungen zu, die für seine physische Existenz und für ein Mindestmaß an Teilhabe am gesellschaftlichen, kulturellen und politischen Leben unerlässlich sind" (BVerfG 2010). Weil Kinder „keine kleinen Erwachsenen" seien, müssten auch altersspezifische Bedarfslagen beachtet werden. Infolge dieses Urteils wurde zum einen das Ziel, Leistungsberechtigten ein Leben zu ermöglichen, das der Würde des Menschen entspricht, in § 1 SGB II allen anderen Zielen vorangestellt, was die materielle Teilhabe als eigenständigen Leistungsanspruch aufwerten sollte. Zum anderen sollen seit dem 01.01.2011 die sog. ‚Bildungs- und Teilhabeleistungen' nach §§ 28 bis 30 SGB II bedürftigen Kindern das vom Verfassungsgericht geforderte Mindestmaß an Bildungsteilhabe und an soziokultureller Teilhabe ermöglichen. Die Jobcenter wurden verpflichtet, auf die Inanspruchnahme der Bildungs- und Teilhabeleistungen besonders hinzuwirken (§ 4 SGB II). Die Ansprüche auf Bildungs- und Teilhabeleistungen wurden überdies in den anderen sozialen Mindestsicherungssystemen nach dem Zwölften Buch Sozialgesetzbuch – Sozialhilfe – (SGB XII) und Asylbewerberleistungsgesetz (AsylbLG) sowie im Kinderzuschlag (KiZ) nach Bundeskindergeldgesetz (BKGG) und im Wohngeld eingeführt.

Schließlich wurde der Zielsteuerung im Rechtskreis des SGB II 2011 ein neues sozialpolitisches Wirkungsziel hinzugefügt. Das Ziel der „Verbesserung der sozialen Teilhabe" trat – ohne weitere Erläuterung – in § 48b Abs. 3 SGB II neben die drei Ziele „Verringerung der Hilfebedürftigkeit, Verbesserung der Integration in Erwerbstätigkeit und Vermeidung von langfristigem Leistungsbezug". Vor diesem Hintergrund entwickelten sich die Deutungen der Arbeitsmarktakteure in unterschiedliche Richtungen:

- Eine erwerbszentrierte erste Lesart von Teilhabe knüpft an die für das SGB II typische Grundannahme an, dass alle wesentlichen Teilhabeeffekte durch Erwerbsarbeit vermittelt werden. Soziale Teilhabe folgt in diesem Verständnis als abhängige Teilhabedimension aus der Erwerbsteilhabe. Wirkliche Teilhabe kann innerhalb des Grundsicherungssystems nicht entstehen, das sich folglich auf die Arbeitsvermittlung konzentrieren muss.
- In einer zweiten Lesart stellt Arbeitsmarktintegration bzw. Erwerbsteilhabe nur eine mögliche Dimension sozialer Teilhabe dar. Sie wird nicht nur am Arbeitsmarkt erreicht, sondern auch über Bildung, materielle Existenz-

sicherung, eine gesicherte Wohnung oder Gesundheit. Innerhalb des Leistungssystems ist also Teilhabe in allen Dimensionen zu fördern, sowohl durch als auch jenseits von Erwerbsarbeit (Reis und Siebenhaar 2015).

• Eine dritte Lesart versteht unter sozialer Teilhabe nur Teilhabedimensionen außerhalb der Erwerbsarbeit. Mit der zweiten verbindet diese Lesart das Verständnis, dass soziale Teilhabe nicht erst beginnt, wenn der Leistungsbezug endet. Sie dient jedoch vor allem zur Begründung für die zusätzliche, öffentlich geförderte Beschäftigung von Leistungsberechtigten, die nach Langzeitarbeitslosigkeit oder wegen gesundheitlicher Einschränkungen kaum Aussicht auf ungeförderte Beschäftigung haben (etwa im Bundesprogramm „Soziale Teilhabe am Arbeitsmarkt").

Welche Konsequenzen die Bezugnahme auf Teilhabe für das Aufgabenverständnis und die Arbeitsweise im Handlungsfeld des SGB II hat, bleibt kontrovers. Strittig ist, wie weit die Selbstbestimmung der Leistungsberechtigten bei der Unterstützung ihrer Erwerbsbeteiligung zu achten ist und wie viel Eigenständigkeit Teilhabeziele beanspruchen können, die sich nicht allein durch Erwerbsarbeit erreichen lassen. Der Begriff der sozialen Teilhabe bleibt unbestimmt. In der Logik der Grundsicherung bleiben Ansprüche auf materielle, soziale und Erwerbsteilhabe auf ein knapp bemessenes Mindestmaß begrenzt, dessen Höhe umstritten ist.

2.2.2 Kinder- und Jugendhilfe

Bislang war im Achten Buch Sozialgesetzbuch – Kinder- und Jugendhilfe – (SGB VIII) kein explizites Teilhabeziel verankert. Zwar hatte der Gesetzgeber mit dem Inkrafttreten des SGB VIII 1990 die Erziehungsverantwortung von Eltern gestärkt und die Beteiligungsrechte von Leistungsberechtigten festgeschrieben. Aber ein historischer Schwerpunkt der Kinder- und Jugendhilfe lag weiterhin auf dem fürsorgerischen „„Wächteramt" der Jugendhilfe zum Schutz von Kindern und Jugendlichen nach Artikel 6 Abs. 2 GG bzw. § 1 Abs. 2 SGB VIII. Allenfalls indirekt ließ sich für dieses Handlungsfeld der Auftrag ableiten, „Chancen auf soziale Teilhabe" zu vermitteln (Gabriel 2007, S. 14).

Jedoch wurde der Teilhabebegriff in den letzten Jahren auf immer mehr unterschiedliche Lebensbereiche und Sachverhalte angewandt (z. B. auf Betreuungsmöglichkeiten, die Schule oder die Nutzung von Medien). Prägend für das Begriffsverständnis im Handlungsfeld der Kinder- und Jugendhilfe sind dabei vor allem vier Aspekte:

- Das in § 1 SGB VIII verankerte Recht des jungen Menschen „auf Förderung seiner Entwicklung und auf Erziehung zu einer eigenverantwortlichen und gemeinschaftsfähigen Persönlichkeit" wird als Auftrag zur „Befähigung junger Menschen zur gesellschaftlichen Teilhabe" gedeutet (Deutscher Bundestag 2013, S. 77).
- Teilhabe bezieht sich auf gleiche Rechte der Geschlechter („gleichberechtigte Teilhabe von Mädchen und Jungen") (Deutscher Bundestag 1998) oder
- als Teil des Begriffspaares „Teilhabe und Beteiligung" auf die Partizipation an politischen und demokratischen Prozessen (Deutscher Bundestag 2002).
- Besonders oft erscheint der Begriff im Kontext von (früher) Bildung und Prävention (vgl. BMBF 2014), wo Teilhabe als Synonym für die Gleichheit von Chancen im Bildungsverlauf zunehmende Bedeutung als Politikziel bekommt.

Mit einer Novelle des SGB VIII sollten explizite Teilhabeziele ab 2018 auch für die Kinder- und Jugendhilfe Gesetzesrang erhalten. Die Reform wurde unter dem Stichwort „inklusive Jugendhilfe" bzw. „große Lösung" mit dem Koalitionsvertrag 2013 in Gang gesetzt, um die UN-BRK im Hinblick auf Kinder und Jugendliche mit Behinderungen umzusetzen und Schnittstellen zu anderen Leistungssystemen zu beseitigen (vgl. Bundesregierung 2013, S. 99). Ziel war die programmatische Verankerung eines inklusiven Leitgedankens und der gleichberechtigten Teilhabe aller Kinder und Jugendlichen im SGB VIII (Bundesregierung 2017). Durch eine verstärkte inklusive Ausrichtung der Kinder- und Jugendhilfe, v. a. auch der Bildung, Erziehung und Betreuung in Kindertageseinrichtungen und in Kindertagespflege sollten bessere gesellschaftliche Teilhabemöglichkeiten der Kinder und Jugendlichen erreicht werden (ebd., S. 40). Wie Teilhabe im Gesetzesentwurf definiert und wie der Unterstützungsauftrag der Jugendhilfe gefasst wird, lehnt sich eng an die UN-BRK an: „Ein junger Mensch hat Teil an der Gesellschaft, wenn er entsprechend seinem Alter die Möglichkeit hat, in allen ihn betreffenden Lebensbereichen selbstbestimmt zu interagieren, sowie die Möglichkeit zur Interaktion in einem seinen Fähigkeiten entsprechenden Mindestmaß wahrnimmt." (Bundesregierung 2017, S. 10) Als Auftrag der Jugendhilfe wird in der Neufassung von § 1 KJHG u. a. die Verwirklichung der „vollen, wirksamen und gleichberechtigten Teilhabe am Leben in der Gesellschaft für alle jungen Menschen" formuliert. Das 2017 beschlossene Kinder- und Jugendstärkungsgesetz wurde vom Bundesrat allerdings nicht mehr verabschiedet.

Ein Dialogprozess schloss in der laufenden 19. Legislaturperiode unter dem Motto „Mitreden und mitgestalten" an den bisher erreichten Stand an. Eines der Schwerpunktthemen blieb die inklusive Jugendhilfe und das Ziel der „gleichberechtigten Teilhabe" (www.mitreden-mitgestalten.de). Absehbar wird sich der Teilhabebegriff also als wesentliche Rechtsnorm auch in der Kinder- und Jugendhilfe etablieren, deren Maßnahmen diesem Aspekt entsprechen Rechnung tragen müssen.

2.2.3 Wohnungslosenhilfe, Hilfen zur Überwindung besonderer sozialer Schwierigkeiten

Die Wohnungslosenhilfe gründet sich auf ein weit gefasstes Teilhabeziel:

> „Art und Umfang der Maßnahmen richten sich nach dem Ziel, die Hilfesuchenden zur Selbsthilfe zu befähigen, die Teilnahme am Leben in der Gemeinschaft zu ermöglichen und die Führung eines menschenwürdigen Lebens zu sichern. Durch Unterstützung der Hilfesuchenden zur selbstständigen Bewältigung ihrer besonderen sozialen Schwierigkeiten sollen sie in die Lage versetzt werden, ihr Leben entsprechend ihren Bedürfnissen, Wünschen und Fähigkeiten zu organisieren und selbstverantwortlich zu gestalten." (§ 2 Abs. 1 der Durchführungsverordnung (DVO) zu § 67 SGB XII für die Hilfen zur Überwindung besonderer sozialer Schwierigkeiten nach dem Achten Kapitel SGB XII)

Ähnlich wie im modernisierten Recht der Eingliederungshilfe für behinderte Menschen begründen in dieser viel älteren, 2001 zuletzt neu gefassten Rechtsnorm Passungsprobleme zwischen Mensch und Umwelt den Rechtsanspruch. Er beruht laut DVO zu § 67 SGB XII zum einen auf „persönlichen Voraussetzungen". Hilfen können immer dann gewährt werden, wenn existenzbedrohende „besondere Lebensverhältnisse" (und zwar eine „fehlende, nicht ausreichende Wohnung, ungesicherte wirtschaftliche Lebensgrundlage, gewaltgeprägte Lebensumstände, Entlassung aus einer geschlossenen Einrichtung") mit „sozialen Schwierigkeiten" verbunden sind. „Soziale Schwierigkeiten" kann es bezogen auf die Erhaltung oder Beschaffung einer Wohnung, die Erlangung oder Sicherung eines Arbeitsplatzes, familiäre oder soziale Beziehungen oder Straffälligkeit geben, und sie müssen nach dem Willen des Gesetzgebers mit den besonderen Lebensverhältnissen in einem so „komplexen Wirkungszusammenhang" stehen, dass die isolierte „Verhütung, Beseitigung oder Milderung" eines Merkmals allein nicht ausreicht, um die Notlage zu beenden. Zum ersten Mal wurde damit in einem sozialpolitischen Handlungsfeld der Leistungsanspruch an das Lebenslagenkonzept (siehe Kap. 3.2) gebunden und damit eine Zielgruppenbeschreibung („Landfahrer", „Nichtsesshafte") abgelöst, die als stigmatisierend und ausgrenzend identifiziert worden war.

Weil von einem komplexen Zusammenwirken unterschiedlicher Teilhabe-einschränkungen ausgegangen wird, kann keine Teilhabedimension grund-sätzlich von der Bearbeitung ausgeschlossen werden. Charakteristisch für die Konstruktion des Anspruchs auf Hilfen nach § 67 SGB XII ist ferner eine Differenzierung zwischen Teilhabechancen und erreichter Teilhabe. Das Ziel der Hilfe ist nicht allein durch Intervention in die Lebensverhältnisse zu erreichen, weil es zugleich darin besteht, einen Menschen zur Wahrnehmung von Teilhabe-chancen zu befähigen. Soziale Schwierigkeiten nach der Definition des § 67 SGB XII sind nichts anderes als Schwierigkeiten, die einen Menschen daran hindern, Teilhabechancen in gelingende Teilhabe umzuwandeln. Selbst die individuelle Unfähigkeit, (geeignete) Hilfen in Anspruch zu nehmen, begründet in diesem Ver-ständnis keinen Ausschluss infolge fehlender Mitwirkung, sondern einen eigenen Hilfeanspruch.

Hier spiegelt sich im Leistungsrecht ein Verständnis für die hohe Komplexität des Zusammenwirkens von individuellen und umweltbedingten Voraussetzungen und Einflussfaktoren für das Zustandekommen von Teilhabesituationen wider, das für die konzeptionelle und theoretische Fundierung von „Teilhabe" leitend sein muss (vgl. Kap. 3).

2.2.4 Migration und Flucht

Seit sich die Bundesrepublik Deutschland der Realität stellt, ein Einwanderungs-land zu sein, konkurrieren im Handlungsfeld der Migrationspolitik mehrere, gleichermaßen unbestimmte Leitbegriffe. Dem etablierten und im Aufenthalts-recht verwendeten Begriff der Integration (§ 1 AufenthG) wird – ausgelöst durch die Auseinandersetzung mit dem menschenrechtlichen Ansatz der UN-BRK – zunehmend das Leitziel der Inklusion entgegengesetzt. Immer gebräuch-licher wird auch das alternative Konzept der Diversity. Gegen den ältesten dieser Leitbegriffe, das Konzept der Integration, wird eingewandt, es verspreche zwar Teilhabe, fungiere in der „deutschen Migrationspolitik aber tendenziell als Exklusionsmechanismus" (Georgi 2015, S. 25). Integration werde ein-seitig als Anforderung an zugewanderte Menschen verstanden, sich an die Auf-nahmegesellschaft anzupassen, und im Alltagsverständnis markiere der Begriff ausschließend die Grenzen zwischen „Integrierten und Nicht-Integrierten" (ebd.). Was die gleichberechtigte politische Partizipation angehe, stehe Integration ledig-lich für eine „nachholende" rechtliche Eingliederung (Farahat 2013, S. 191). Das Konzept der Integration werde schließlich pluralen gesellschaftlichen Strukturen weniger gerecht als die Konzepte der Inklusion und Diversity (vgl. Filsinger 2014).

„Eine zukunftsfähige Migrations- und Integrationspolitik ist am Leitbild der Inklusion auszurichten. Inklusion wendet sich der Heterogenität von Gruppierungen und Vielfalt von Personen positiv zu, beansprucht Chancengleichheit für alle Individuen und schafft die Möglichkeit an sämtlichen Lebensbereichen teilzuhaben, ungeachtet von Zuordnungen wie Geschlecht, sozialer Herkunft, Religion, kultureller oder ethnischer Herkunft, Alter, physischen oder psychischen Befähigungen sowie sexueller Orientierung. (…) Bisher ist die Inklusionsdebatte vor allem in Bezug auf die Partizipation von Menschen mit Behinderungen geführt worden, dies greift jedoch zu kurz. Inklusion zielt auf die gleichberechtigte Partizipation aller Bürgerinnen und Bürger. Damit geht ein Perspektivwechsel der Integrations- und Migrationspolitik einher, es geht nicht um integrative Rezepte für einzelne Zielgruppen, sondern um die Gestaltung von gesellschaftlicher Partizipation insgesamt. Aus dieser Perspektive kann die unzureichende Teilhabe einzelner gesellschaftlicher Gruppen nicht als individuell mangelnde Integrationsleistung verstanden werden, sondern sie weist auf die Barrieren in den Regelstrukturen hin, die es zu verändern gilt. Das Konzept einer ‚Mehrheitsgesellschaft‘, in die sich ‚Minderheiten‘ integrieren müssen, ist nicht mehr zeitgemäß." (Koordinierungsprojekt „Integration durch Qualifizierung" et al. 2014, S. 4 f.)

Alle drei Konzepte beziehen sich auf Teilhabenormen und -ziele, um positive Ansprüche von Zugewanderten zu beschreiben, deren Recht auf Aufenthalt anerkannt ist. Schon im Bericht der Unabhängigen Kommission Zuwanderung (Süssmuth-Kommission) war 2001 anerkannt worden, dass Deutschland ein Einwanderungsland sei und es Ziel der Politik sein müsse, „Zuwanderern eine gleichberechtigte Teilhabe am gesellschaftlichen, wirtschaftlichen, kulturellen und politischen Leben unter Respektierung kultureller Vielfalt zu ermöglichen" (ebd., S. 200). Je nach Konzept wird Teilhabe dabei entweder als Ergebnis einer gelungenen Integration (ebd., S. 11) oder als „Grundvoraussetzung für gelingende Integration" beschrieben (Beauftragte der Bundesregierung für Migration, Flüchtlinge und Integration 2016, S. 35).

Zugleich aber ist eine wesentliche Voraussetzung für Teilhabeansprüche, nämlich das gleiche Recht auf Zugang zu gesellschaftlichen Teilsystemen und auf Gleichstellung, in diesem Politikfeld nicht unmittelbar gegeben, sondern erst, wenn die Bedingungen für den rechtmäßigen Aufenthalt in der Bundesrepublik Deutschland erfüllt sind. Die maßgeblichen Gesetze regeln nicht nur Ansprüche auf bestimmte Leistungen, sondern zuvor die Bedingungen für Einschluss in die und Ausschluss aus der Rechtsgemeinschaft. Maßgeblich hierfür sind die „Aufnahme- und Integrationsfähigkeit" und die „wirtschaftlichen und arbeitsmarktpolitischen Interessen der Bundesrepublik Deutschland" (§ 1 AufenthG).

Vor dem Hintergrund der aktuellen Flucht- und Zuwanderungsdebatte scheint es heute, als werde der Integrationsbegriff trotz der problematisierten Verwendung neu „politisch stabilisiert" (Wansing und Westphal 2014, S. 23).

2.3   Zwischenresümee

Wie die Analyse der Verwendung des Teilhabebegriffs in den verschiedenen sozialpolitischen Handlungsfeldern zeigt, bestehen einerseits wesentliche Gemeinsamkeiten, die dazu beitragen können, den Bedeutungskern von Teilhabe zu schärfen. Dominanter bleiben jedoch zunächst Widersprüche. Noch verhindern unterschiedliche gesetzliche Zielbestimmungen und spezialisierte fachliche Diskurse begriffliche Präzision und den Transfer von Konzepten.

Überall dort, wo Teilhabe zu einem Rechtsbegriff wird, geht es darum, verschiedene Dimensionen der Lebensführung zueinander ins Verhältnis zu setzen. Daran zeigt sich, dass Mehrdimensionalität zum Bedeutungskern des Begriffs gehört. Die Handlungsfelder unterscheiden sich jedoch erheblich danach, für welche Lebensbereiche Teilhabe als „positiv bewertete Form der Beteiligung an einem sozialen Geschehen" (Kastl 2017, S. 236) oder als positive Norm eingeführt wird. Geht es im SGB II darum, überhaupt andere Zielbereiche neben der Erwerbsintegration einzuführen, bezieht sich der Teilhabeanspruch im SGB IX grundsätzlich auf alle wesentlichen Lebensbereiche, auch wenn die Legaldefinition diese Bildung, Erwerbsleben und Leben in der Gemeinschaft zuordnet.

In allen angesprochenen Rechtskreisen wandelt sich Teilhabe von einer diskursiven Figur zum anspruchsbegründenden Rechtsbegriff, jedoch ist dieser Prozess unterschiedlich weit vorangeschritten. Muss die Grundsicherung lediglich ein Mindestmaß an Teilhabe garantieren, geht es etwa im SGB IX um einen weiter gehenden Gleichstellungsanspruch, also um volle und wirksame Teilhabe. Da Teilhabeeinschränkungen individuell sehr verschieden sein können, lassen sich Teilhabeansprüche und -leistungen nur begrenzt standardisieren, in vielen Leistungsbereichen müssen sie zunächst qualitativ beschrieben werden. Aus der Bezugnahme auf Teilhabe folgt nicht unmittelbar eine bestimmte Verteilungsnorm, und die Rechtsbereiche unterscheiden sich auch danach, ob die Einführung der Teilhabenorm die Anspruchsgewährung erweitert oder Ansprüche begrenzt.

FAZIT

Die gemeinsame Bezugnahme auf Teilhabeziele schlägt bisher noch keine Brücke zwischen Handlungsfeldern. Wo ein ‚Mindestmaß' an Teilhabe beginnt und wo ‚volle' Teilhabe erreicht ist, wird entweder unterschiedlich bestimmt, oder ein konkreter Maßstab fehlt noch ganz.

Literatur

Bartelheimer, P., & Henke, J. (2018). Vom Leitziel zur Kennzahl. Teilhabe messbar machen. Düsseldorf: FGW-Publikationen.

Beauftragte der Bundesregierung für Migration, Flüchtlinge und Integration. (2016). 11. Bericht der Beauftragten der Bundesregierung für Migration, Flüchtlinge und Integration. Teilhabe, Chancengleichheit und Rechtsentwicklung in der Einwanderungsgesellschaft Deutschland (Dezember 2016). http://dipbt.bundestag.de/dip21/btd/18/106/1810610.pdf. Zugegriffen: 21. Apr. 2020.

BMAS – Bundesministerium für Arbeit und Soziales. (2011a). Unser Weg in eine inklusive Gesellschaft. Nationaler Aktionsplan der Bundesregierung zur Umsetzung der UN-Behindertenrechtskonvention (UN-BRK). https://www.bmas.de/SharedDocs/Downloads/DE/PDF-Publikationen/a740-nationaler-aktionsplan-barrierefrei.pdf. Zugegriffen: 21. Apr. 2020.

BMAS – Bundesministerium für Arbeit und Soziales. (2011b). Erster Staatenbericht der Bundesrepublik Deutschland zum Übereinkommen der Vereinten Nationen über Rechte von Menschen mit Behinderungen. Vom Bundeskabinett beschlossen am 3. August 2011. https://www.bmas.de/SharedDocs/Downloads/DE/staatenbericht-2011.html. Zugegriffen: 21. Apr. 2020.

BMAS – Bundesministerium für Arbeit und Soziales. (2013). Teilhabebericht der Bundesregierung über die Lebenslagen von Menschen mit Beeinträchtigungen. Teilhabe – Beeinträchtigung – Behinderung. https://www.bmas.de/SharedDocs/Downloads/DE/PDF-Publikationen/a125-13-teilhabebericht.pdf. Zugegriffen: 21. Apr. 2020.

BMAS – Bundesministerium für Arbeit und Soziales. (2016a). Unser Weg in eine inklusive Gesellschaft. Nationaler Aktionsplan 2.0 der Bundesregierung zur Umsetzung der UN-Behindertenrechtskonvention (UN-BRK). http://www.bmas.de/SharedDocs/Downloads/DE/PDF-Schwerpunkte/inklusion-nationaler-aktionsplan-2.pdf. Zugegriffen: 21. Apr. 2020.

BMAS – Bundesministerium für Arbeit und Soziales. (2016b). Zweiter Teilhabebericht der Bundesregierung über die Lebenslagen von Menschen mit Beeinträchtigungen. Teilhabe – Beeinträchtigung – Behinderung. http://www.bmas.de/SharedDocs/Downloads/DE/PDF-Publikationen/a125-16-teilhabebericht.pdf. Zugegriffen: 21. Apr. 2020.

BMBF – Bundesministerium für Bildung und Forschung. (2014). Chancengerechtigkeit und Teilhabe. Sozialer Wandel und Strategien der Förderung. Forschungsschwerpunkt im Rahmenprogramm zur Förderung der empirischen Bildungsforschung. https://www.empirische-bildungsforschung-bmbf.de/media/content/DLR_PT_CHAN_TEILH_WEB.pdf. Zugegriffen: 21. Apr. 2020.

Bundesregierung. (2013). Deutschlands Zukunft gestalten. Koalitionsvertrag zwischen CDU, CSU und SPD. 18. Legislaturperiode. https://www.cdu.de/sites/default/files/media/dokumente/koalitionsvertrag.pdf. Zugegriffen: 21. Apr. 2020.

Bundesregierung. (2017). Entwurf eines Gesetzes zur Stärkung von Kindern und Jugendlichen (Kinder- und Jugendstärkungsgesetz – KJSG). Gesetzentwurf der Bundesregierung. Bundestagsdrucksache 18/12330 vom 15.05.2017. http://dipbt.bundestag.de/dip21/btd/18/123/1812330.pdf. Zugegriffen: 21. Apr. 2020.

BVerfG – Bundesverfassungsgericht. (2010). Urteil des Ersten Senats vom 09. Februar 2010 - 1 BvL 1/09 -, Rn. (1–220). http://www.bverfg.de/e/ls20100209_1bvl000109.html. Zugegriffen: 21. Apr. 2020.

Deutscher Bundestag. (1998). Bericht über die Lebenssituation von Kindern und die Leistungen der Kinderhilfe in Deutschland – Zehnter Kinder- und Jugendbericht – und Stellungnahme der Bundesregierung. Bundestagsdrucksache 13/11368 vom 25.08.1998. https://www.dji.de/fileadmin/user_upload/bibs/Zehnter_Kinder-und_Jugendbericht.pdf. Zugegriffen: 21. Apr. 2020.

Deutscher Bundestag. (2002). Bericht über die Lebenssituation junger Menschen und die Leistungen der Kinder- und Jugendhilfe in Deutschland – Elfter Kinder- und Jugendbericht – und Stellungnahme der Bundesregierung. Bundestagsdrucksache 14/8181 vom 04.02.2002. https://www.dji.de/fileadmin/user_upload/bibs/Elfter_Kinder_und_Jugendbericht.pdf. Zugegriffen: 21. Apr. 2020.

Deutscher Bundestag. (2013). Bericht über die Lebenssituation junger Menschen und die Leistungen der Kinder- und Jugendhilfe in Deutschland – 14. Kinder- und Jugendbericht – und Stellungnahme der Bundesregierung. Bundestagsdrucksache 17/12200 vom 30.01.2013. https://www.bmfsfj.de/bmfsfj/service/publikationen/14–kinder–und–jugendbericht/88912. Zugegriffen: 21. Apr. 2020.

Deutscher Bundestag. (2016). Entwurf eines Gesetzes zur Stärkung der Teilhabe und Selbstbestimmung von Menschen mit Behinderungen (Bundesteilhabegesetz – BTHG). Gesetzentwurf der Bundesregierung. Bundestagsdrucksache 18/9522 vom 05.09.2016. https://dip21.bundestag.de/dip21/btd/18/095/1809522.pdf. Zugegriffen: 21. Apr. 2020.

Farahat, A. (2013). Empowerment und Zuordnung im Migrationsrecht. Das Prinzip der progressiven Inklusion. *Der Staat, 52*(2), 187–218.

Filsinger, D. (2014). Integration – ein Paradigma ohne Alternative? In M. Alisch (Hrsg.), *Älter werden im Quartier. Soziale Nachhaltigkeit durch Selbstorganisation und Teilhabe* (S. 169–195). Kassel: University Press.

Gabriel, T. (2007). Wirkungen von Heimerziehung – Perspektiven der Forschung. In ISA Planung und Entwicklung GmbH (Hrsg.), *Beiträge zur Wirkungsorientierung von erzieherischen Hilfen* (S. 14–18). Münster: ISA.

Georgi, V. B. (2015). Integration, Diversity, Inklusion. Anmerkungen zur aktuellen Debatte in der Migrationsgesellschaft. *DIE Zeitschrift für Erwachsenenbildung, 2,* 25–27. http://www.die-bonn.de/id/31360. Zugegriffen: 21. Apr. 2020.

Kastl, J. M. (2017). *Einführung in die Soziologie der Behinderung* (2. Aufl.). Wiesbaden: VS.

Knuth, M., & Tenambergen, T. (2015). „Inklusiver Arbeitsmarkt" – Vereinheitlichung der öffentlich geförderten Beschäftigung für behinderte und nicht behinderte Menschen? Gutachten für die Fraktion BÜNDNIS 90/DIE GRÜNEN im Landtag NRW. Duisburg.

Koch, S., Kupka, P., & Steinke, J. (2009). *Aktivierung, Erwerbstätigkeit und Teilhabe. Vier Jahre Grundsicherung für Arbeitsuchende*. Bielefeld: Bertelsmann.

Koordinierungsprojekt „Integration durch Qualifizierung" (KP IQ), ebb Entwicklungsgesellschaft für berufliche Bildung mbH, & ZWH – Zentralstelle für die Weiterbildung im Handwerk e. V. (Hrsg.). (2014). Arbeitsmarktintegration für Migrantinnen und Migranten – auf dem Weg zu einer inklusiven Gesellschaft. Positionspapier des Förderprogramms „Integration durch Qualifizierung (IQ)". https://www.netzwerk-iq. de/fileadmin/Redaktion/Downloads/IQ_Publikationen/Thema_Vielfalt_gestalten/2014_Positionspapier.pdf. Zugegriffen: 21. Apr. 2020.

Rambausek, T. (2017). *Behinderte Rechtsmobilisierung*. Wiesbaden: Springer VS.

Reis, C., & Siebenhaar, B. (2015). *Befähigen statt aktivieren. Aktueller Reformbedarf bei Zielsetzung und Aufgabenstellung im SGB II*. Bonn: Friedrich-Ebert-Stiftung.

Schmitt-Schäfer, T. (2017). Der neue Behinderungsbegriff des Bundesteilhabegesetzes (Regierungsentwurf). *Nachrichtendienst des Deutschen Vereins, 97*(1), 2–8.

Wansing, G., & Westphal, M. (2014). Behinderung und Migration. Kategorien und theoretische Perspektiven. In G. Wansing & M. Westphal (Hrsg.), *Behinderung und Migration. Inklusion, Diversität, Intersektionalität* (S. 17–47). Wiesbaden: Springer VS.

Konzeptionelle Grundlagen

3

Drei Konzepte bilden Bezugspunkte für eine sozialwissenschaftliche Fundierung des Teilhabebegriffs: das bio-psycho-soziale Modell von Behinderung und Gesundheit, der Lebenslagenansatz und das Konzept der Befähigung (Capability). Das „Was" und das „Wie" der Teilhabe lassen sich so näher bestimmen. Die normative Frage nach dem „Wieviel" dagegen, also nach dem zu gewährleistenden Maß an Teilhabe, bleibt Gegenstand gesellschaftlicher und politischer Aushandlung.

Als Gegenbegriff zu Ausgrenzung oder Ausschluss steht Teilhabe für eine positive Idee von Wohlfahrt, Lebensqualität oder „gutem Leben". An welchen wertvollen Gütern oder Handlungsmöglichkeiten soll aber Teilhabe gemessen werden und wie wird sie erreicht? Welche Qualität sozialer Positionen und individueller Lebensbedingungen soll mit dem Begriff angesprochen werden? Das „Was" und das „Wie" der Teilhabe lässt sich in Rückgriff auf wissenschaftliche Konzepte näher bestimmen. Die Frage nach dem „Wieviel" dagegen, also nach dem zu gewährleistenden Maß an Teilhabe und nach den Schwellen, an denen Teilhabeansprüche verletzt werden und Ungleichheit in Ausschluss umschlägt, ist letztlich normativ zu beantworten und bleibt somit Gegenstand gesellschaftlicher und politischer Aushandlung.

Welches Verständnis von Behinderung und Teilhabe der UN-BRK und dem SGB IX zugrunde liegt, erschließt sich über das „bio-psycho-soziale" Gesundheitsmodell der Weltgesundheitsorganisation (WHO). Seine anwendungsorientierte Konkretisierung in der Internationalen Klassifikation der Funktionsfähigkeit, Behinderung und Gesundheit (ICF) (WHO 2001) ist zudem als konzeptioneller Rahmen für die Feststellung des Bedarfs an Teilhabeleistungen von großer sozialpolitischer Bedeutung.

Wo in der ICF der Teilhabebegriff unbestimmt bleibt, kann Teilhabeforschung auf theoretische Modelle von Wohlfahrt oder Lebensqualität zurückgreifen. Die Konzepte der Lebenslage und der Befähigung oder der Verwirklichungschancen (capability) dienen bereits der Untersuchung von Diversität und Ungleichheit, der Sozialberichterstattung und der Evaluation sozialstaatlicher Programme und Leistungen als Theorierahmen. Zwar wurden beide Konzepte ausgearbeitet, lange bevor sich Teilhabe im deutschen Sprachraum als sozialstaatliche Leitidee etablierte und die UN-BRK für Gleichstellungsziele, Achtung von Diversität und universelle Geltung der Menschenrechte das Begriffspaar „participation" und „inclusion" einführte. Doch ihre Bedeutung für Teilhabeforschung ergibt sich aus ihrem paradigmatischen Gehalt: Gerade weil Lebenslagen- und Befähigungsansatz nicht für eine vollständige Theorie von Wohlfahrt oder sozialer Schichtung stehen, sind sie offen für Teilhabe als normative Leitidee und für verschiedene Analysezwecke (Engels 2006; Robeyns 2016), in der Anwendung aber um jeweils gegenstandsbezogene Theorieelemente zu ergänzen.[1]

Das folgende Kapitel erörtert den konzeptionellen Rahmen, den ICF, Lebenslagen- und Befähigungsansatz für eine sozialwissenschaftliche Fundierung des Teilhabebegriffs setzen. Andere theoretische Perspektiven sollen damit nicht ausgeschlossen werden.

3.1 International Classification of Functioning, Disability and Health (ICF)

Das bio-psycho-soziale Modell der ICF (*International Classification of Functioning, Disability and Health,* WHO 2001; deutsche Fassung: *Internationale Klassifikation der Funktionsfähigkeit, Behinderung und Gesundheit,* DIMDI 2005) bindet den Teilhabebegriff eng an den Behinderungsbegriff, der wiederum eingebettet ist in einen funktionellen Gesundheitsbegriff (vgl. Abb. 3.1):

---

[1]Auch für die Armuts- und Ungleichheitsforschung müssen beide Konzepte um Definitionen, um Festlegungen zu Schwellen der Unterversorgung und um Operationalisierungen ergänzt werden, zu denen die Grundlagentexte nur wenige Hinweise geben (vgl. Leßmann 2007, S. 316).

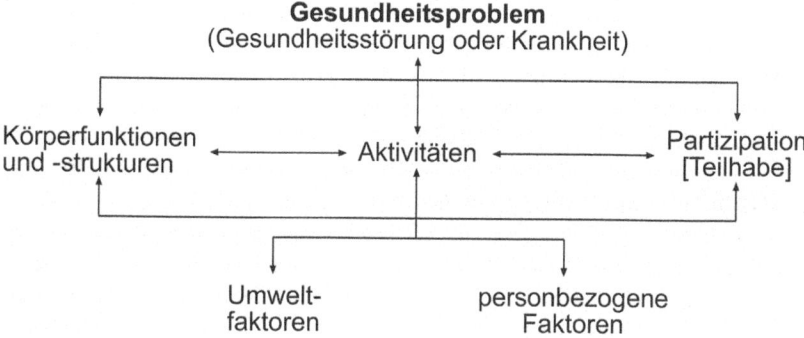

Abb. 3.1 Das bio-psycho-soziale ICF-Modell der Komponenten der Gesundheit (DIMDI 2005)

Nach der Definition der WHO ist eine Person „funktional gesund, wenn – vor dem Hintergrund ihrer Kontextfaktoren (Umwelt- und personbezogenen Faktoren)

- ihre körperlichen Funktionen (einschließlich des mentalen Bereichs) und Körperstrukturen denen eines gesunden Menschen entsprechen (Konzepte der Körperfunktionen und -strukturen),
- sie all das tut oder tun kann, was von einem Menschen ohne Gesundheitsproblem (ICD) erwartet wird (Konzept der Aktivitäten),
- sie ihr Dasein in allen Lebensbereichen, die ihr wichtig sind, in der Weise und dem Umfang entfalten kann, wie es von einem Menschen ohne gesundheitsbedingte Beeinträchtigung der Körperfunktionen oder -strukturen oder der Aktivitäten erwartet wird (Konzept der Partizipation [Teilhabe] an Lebensbereichen)" (DIMDI 2005, S. 4; vgl. Wenzel und Morfeld 2016, S. 1125).

Der Behinderungsbegriff löst sich nach diesem Verständnis von dem rein medizinischen Modell, wonach Behinderung als (irreparable) körperliche Schädigung verstanden wird, die ein persönliches Problem darstellt, das es zu lösen gilt (z. B. über den Einsatz von Hilfsmitteln), und begreift Behinderung als eine „gesundheitsbedingte Teilhabestörung" (Schuntermann 2011, S. 3). Wie sehr die Teilhabemöglichkeiten am gesellschaftlichen Leben eingeschränkt sind, definiert sich über den komplexen Wechselwirkungsprozess zwischen der Beeinträchtigung einer Person, bezogen auf ihre körperlichen Strukturen und

Funktionen und ihre personbezogenen und sozialen Kontextbedingungen. Teilhabeeinschränkungen realisieren sich nach diesem Modell über die Ausübung von „Aktivitäten" in unterschiedlichen Lebensbereichen.

Teilhabe wird in dem Modell der WHO als „Einbezogensein in eine Lebenssituation" definiert (DIMDI 2005, S. 16), jedoch nicht als eigenständiges Konzept ausgearbeitet (Schuntermann 2011, S. 4): Die Komponenten Aktivitäten und Teilhabe werden in der grafischen Darstellung des Modells (vgl. Abb. 3.1) zwar getrennt aufgeführt, aber in der sprachlichen Beschreibung werden die individuelle und gesellschaftliche Dimension der Thematik ‚Behinderung' miteinander gekoppelt. Nur das Konzept der Aktivitäten wird in der ICF differenziert beschrieben und ausführlich kodiert, Ankerkonzept ist die Funktionsfähigkeit. Behinderung kann als eine Beeinträchtigung der Funktionsfähigkeit eines Menschen beschrieben werden, die in Aktivitäts- und Teilhabeeinschränkungen Ausdruck findet. Um dies zu beurteilen, werden „Leistung" als vollzogene Handlungsweise eines Menschen und „Leistungsfähigkeit" als (zu erwartende) Handlungsweise und höchstmögliches Niveau der Funktionsfähigkeit des Menschen unter neutralen Standardbedingungen ermittelt.

Das Konzept der Teilhabe bleibt dagegen weitgehend unbestimmt. Durch die Bindung an den Begriff der Aktivitäten wird Teilhabe maßgeblich mit „Leistung" gleichgesetzt (Schuntermann 2009) bzw. als ergänzender Aspekt eines identischen Sachverhalts betrachtet. Die Dominanz des Aktivitätenkonzepts zeigt sich auch in der Ausdifferenzierung der ICF-Komponente „Aktivitäten/Teilhabe", in der neun Lebensbereiche unterschieden werden:

1. Lernen und Wissensanwendung,
2. Allgemeine Aufgaben und Anforderungen,
3. Kommunikation,
4. Mobilität,
5. Selbstversorgung,
6. Häusliches Leben,
7. Interpersonelle Interaktionen und Beziehungen,
8. Bedeutende Lebensbereiche,
9. Gemeinschafts-, soziales und staatsbürgerliches Leben.

Dass Aktivitäten und Teilhabe gemeinsam ausgewiesen werden, ist nach Schuntermann auf das Bestreben der WHO zurückzuführen, die Begrifflichkeit der ICF nicht zu kompliziert zu gestalten, um nicht dadurch die Akzeptanz des Instrumentes zu gefährden (ebd., S. 29). So aber sind Verbesserungen der Leistung automatisch als Verbesserungen der Teilhabe zu interpretieren, was erklärungsbedürftig bleibt. Aus der begrifflichen Unschärfe ergibt sich auch das Problem, dass zwischen individueller und gesellschaftlicher Dimension von Behinderung nicht unterschieden wird.

Selbst die allgemeinen Formulierungen der ICF zu Teilhabe als „Einbezogensein in eine Lebenssituation" (DIMDI 2005, S. 16, an anderer Stelle wird Teilhabe mit „Daseinsentfaltung" in Verbindung gebracht, ebd., S. 4), können sozialwissenschaftlich kaum gedacht werden ohne Bedeutungselemente wie raum-zeitliche Strukturierung, thematische Bestimmtheit, objektive Gegebenheiten und Ereignishorizonte einschließlich der subjektiven Sinngebung und Deutung der Handelnden (Dreitzel 1972). Die situative Dimension bleibt in der ICF jedoch unterbestimmt. Zum Teil findet sie sich wieder in der Zuordnung von Aktivitäten zu situativen Kontexten in einigen der „Lebensbereiche" (z. B. „Häusliches Leben", „Bedeutende Lebensbereiche", „Gemeinschafts-, soziales und staatsbürgerliches Leben").

Da die Aktivitätsperspektive dominiert, sind die „Lebensbereiche" der ICF mit einem sozialwissenschaftlichen Verständnis von Teilhabe schwer vereinbar. Sie beschreiben vorwiegend bestimmte Aktivitäten – z. T. mit einem hohen Konkretisierungsgrad (z. B. Handlungen der Körperpflege) – und keine sozialen Situationsgefüge. Bei den ICF-Domänen „Bedeutende Lebensbereiche" und „Gemeinschafts-, soziales und staatsbürgerliches Leben" handelt es sich um Sammelkategorien für mehrere wesentliche Dimensionen der Lebensführung. Wichtige Bereiche wie die Wahrnehmung von Menschenrechten („die nationalen und internationalen anerkannten Rechte genießen", DIMDI 2005, S. 120) und die Beteiligung am politischen Leben werden kaum ausdifferenziert bzw. bleiben unterbestimmt. Ein Gutachten im Auftrag des Bundesministeriums für Arbeit und Soziales (BMAS) zur künftigen Feststellung der Leistungsberechtigung in der Eingliederungshilfe weist darauf hin, dass die in der ICF unterschiedenen Lebensbereiche zum Teil aufeinander bezogen sind und sich überschneiden (Deutscher Bundestag 2018, S. 84 f.).

Auch wenn die Kontextkomponente der Umweltfaktoren die Unbestimmtheit des Teilhabekonzeptes in der ICF zum Teil kompensiert und eine differenzierte Beschreibung von Lebenssituationen ermöglicht, besteht das Problem, dass wichtige Aspekte auch in der Betrachtung individueller Lebenssituationen außer Acht bleiben. Weil Aktivitäten leichter beschreib- und messbar sind, konzentrieren sich die Erhebungen darauf. Im Gespräch und in der Aushandlung mit Menschen mit Behinderungen geht es aber darum, ihre individuellen Teilhabebeeinträchtigungen zu verstehen, ihr Teilhabeverständnis zu rekonstruieren und ihre Teilhabeziele zu ermitteln. Dies lässt sich kaum standardisieren und kann nur unter Einbeziehung der Menschen selbst und geschulter Fachkräfte erreicht werden. Hinzu kommt, dass auch aus einer zutreffenden Einschätzung von Teilhabeeinschränkungen nicht unmittelbar die Maßnahmen folgen, die sie wirksam beheben. Im Ergebnis kann die Lebenssituation von Menschen mit Behinderungen so nicht präzise abgebildet werden (Hirschberg 2009).

Auf der anderen Seite hat die Hilfe für Menschen mit Beeinträchtigungen mit der ICF, die alle Funktionen der Lebensführung detailliert erfasst und kodiert, anderen Handlungsfeldern etwas voraus: eine Systematik möglicher Unterstützungsbedarfe und eine standardisierte Sprache bezüglich funktionaler Gesundheitskontexte. Dabei bleiben jedoch konzeptionelle Fragen offen. Bereits die WHO wies in der ersten Fassung der ICF darauf hin, dass diese mit ihrer Vielzahl an Items nicht als eigenständiges psychometrisches Assessment-Verfahren genutzt werden kann und daher eine weitere wissenschaftlich fundierte Entwicklung notwendig sein wird (Wenzel und Morfeld 2017).

Die Möglichkeit, den Teilhabebegriff auf Basis der ICF zu präzisieren, muss letztendlich skeptisch beurteilt werden, auch wenn die Möglichkeiten und der Nutzen des Instruments nicht pauschal in Abrede gestellt werden sollen. Die ICF ist eine Modellierung zur Thematik ‚Behinderung' im Rahmen funktionaler Gesundheit. Für das Verständnis von Teilhabe ist hier die Verschränkung mit dem Begriff der Leistungsfähigkeit entscheidend, d. h. Erreichen oder Nicht-Erreichen wird über die individuelle Funktionsfähigkeit im Sinne von Ausführungs- und Leistungsfähigkeit hergestellt mit einer besonderen Betonung von Körperstrukturen und –funktionen. Aufgrund der benannten Schwierigkeiten fokussiert die ICF, gerade auch in ihrer Operationalisierung, damit in der Frage von Teilhabe auf die Verfasstheit des Individuums, während eine genaue Fassung der Wechselbeziehung zu gesellschaftlichen Bedingungen ausbleibt.

3.2   Lebenslage

Das Konzept der Lebenslage wurde in den Jahren nach dem ersten Weltkrieg von Otto Neurath, Leonard Nelson, Kurt Grelling und Gerhard Weisser in Debatten über die Gestaltung der deutschen Wirtschafts- und Sozialpolitik eingeführt (zur Theoriegeschichte und zu den Unterschieden zwischen diesen Autoren: Leßmann 2007, S. 60 ff.) Sozialpolitische Bedeutung gewann der Ansatz in der Bundesrepublik in der Ausarbeitung durch Gerhard Weisser (Weisser 1978) und Ingeborg Nahnsen (1975; vgl. Andretta 1991; Glatzer und Hübinger 1990; Voges et al. 2003; Engels 2006; 2007; 2015). Die Lebenslage in der Lesart von Weisser wurde ab den 1980er-Jahren in der Bundesrepublik zum theoretischen Bezugspunkt der Sozialberichterstattung und der Armuts- und Ungleichheitsforschung.

Das Konzept sollte soziale Ungleichheit in einer stärker individualisierten Gesellschaft nach möglichst vielen Dimensionen und differenzierter als in Klassen- oder Schichtmodellen abbilden.

Als Lebenslage bezeichnet Weisser den „Spielraum, den die äußeren Umstände dem Menschen für die Erfüllung der Grundanliegen bieten, die ihn bei der Gestaltung seines Lebens leiten oder bei möglichst freier und tiefer Selbstbesinnung und zu konsequentem Verhalten hinreichender Willensstärke leiten würden" (Weisser 1978, S. 275).

Viele empirische Studien und Sozialberichte, die sich am Lebenslagenansatz orientieren, greifen damit vor allem den Anspruch auf, Ungleichheit in mehreren Dimensionen zu beobachten. Die Wahl dieser Dimensionen ist jedoch oft nur heuristisch begründet, und wo geeignete Einzeldaten für die Analyse einer gemeinsamen Merkmalsverteilung auf Personen- oder Haushaltsebene fehlen, werden diese Beobachtungen in der Forschungspraxis zum Teil anhand von Aggregatdaten additiv nebeneinandergestellt.

An Weissers Konzept des Handlungs- und Entscheidungsspielraums und am Problem der subjektiven Bewertung der „Grundanliegen" wurde dagegen in der Umsetzung des Lebenslagenkonzepts kaum weitergearbeitet. Engels (2006, S. 110) möchte den Lebenslagenbegriff „im Interesse einer Präzisierung" sogar ausdrücklich auf objektive Merkmale beschränken und „den subjektiven Umgang mit der Lebenslage von diesem Begriff selbst (…) trennen". Damit geht aber gerade die Besonderheit des Ansatzes gegenüber anderen Modellen der sozialen Lage (vgl. Hradil 1999, S. 366) verloren.

Nach Nahnsen (1975, S. 110 f.) dagegen kann auf ein Verständnis von Lebenslage als „Spielraum" oder als „Inbegriff von Möglichkeiten" „nur bei Verlust der konzeptionellen Grundlagen" verzichtet werden. Sie hat daher vorgeschlagen, Lebenslagen durch den Spielraum sowohl zur *Erfüllung* als auch zur *Entfaltung* von Grundanliegen zu charakterisieren (Nahnsen 1992, S. 106). Um den Problemen der empirischen Umsetzung Rechnung zu tragen, unterscheidet sie „heuristisch" fünf Einzelspielräume, in denen sich Interessen entfalten und realisieren: Einkommens- und Versorgungsspielraum, Kontakt- und Kooperationsspielraum, Lern- und Erfahrungsspielraum, Muße- und Regenerationsspielraum sowie Dispositions- und Partizipationsspielraum (ebd., S. 118; vgl. Nahnsen 1975, S. 150 ff.): Diese stellen nach ihrem Verständnis nicht unabhängige Dimensionen dar, sondern beeinflussen einander wechselseitig und bestimmen gemeinsam die „Lebensgesamtchance" (ebd., S. 105). Umstände, die es Menschen unmöglich machten, sich ihrer Grundanliegen bewusst zu werden, oder „internalisierte Sozialnormen" gehören für sie damit zu den objektiven Gegebenheiten der Lebenslage (ebd., S. 105 f.; 109). Auch wenn „irgendeine konkrete Kenntnis der einzelnen Individuen" fehle oder empirisch schwer zu gewinnen sei, hält sie es für möglich, „Bedingungen (zu) definieren, unter denen Interessen überhaupt sowohl entfaltet, ins Bewusstsein gehoben als auch erfüllt werden könnten" (ebd., S. 116 f.).

Auch Voges et al. (2003, S. 49) begreifen „Lebensqualität in einer gegebenen Lebenslage als eine Konstellation objektiver Bedingungen und ihrer subjektiven Wahrnehmung". Daher könne die Lebenslage je nach Ansatz sowohl den „zu erklärenden Sachverhalt" („Explanandum") als auch eine „erklärende Bedingung" (Explanans) darstellen. Eine „lineare Beziehung zwischen der Verfügbarkeit von Ressourcen und deren Einsatz zur Nutzung eines Handlungsspielraumes" könne nicht unterstellt werden. Die Ressourcenausstattung könne unter bestimmten individuellen Bedingungen Unterschiede der Lebenslage erklären. Zugleich jedoch erkläre die Lebenslage auch „Unterschiede in den individuellen Strategien zur Bewältigung von Problemlagen sowie in der sozialen Unterstützung durch Familienverband und sozialem Netzwerk"; sie könne „die subjektive Wahrnehmung von Opportunitätsstrukturen verstärken oder abschwächen" (ebd., S. 50 ff.). Amann (2000) konzipiert Lebenslagen ebenfalls sowohl als Ausgangsbedingung für individuelle Handlungen als auch als Produkt derselben. Lebenslagen sind nach Clemens und Naegele (2004) als Produkt gesellschaftlicher und lebenszeitlicher Entwicklung zu verstehen.

Leßmann (2007, S. 238 f.) findet in allen theoriegeschichtlichen Varianten des Lebenslagenansatzes Überlegungen dazu, „Gesellschaftsschichten oder -klassen anhand ähnlicher Lebenslagen zu definieren". So sah Weisser eine Funktion des Lebenslagenkonzepts darin, Wohlfahrtsschichten über ähnliche Lebenslagen zu beschreiben (Weisser und Herkenrath 1957, nach Leßmann 2007, S. 114 ff.). Nahnsen (1992, S. 114 f.) schlug später vor, auch die Schwelle, ab der Ungleichheit der Lebenslage sozialpolitisches Handeln herausfordern sollte, über ein Konzept zu definieren, das am Verständnis der Lebenslage als Spielraum ansetzt. Als „Grenzniveau" bezeichnete sie eine Lebenslage, in der aufgrund zahlreicher Beschränkungen kaum eine Chance bestehe, „erfolgreich die Perspektiven der Lebensgestaltung zu ändern". Auf einem solchen Grenzniveau der Lebenslage sei „mit dem Versuch, eine alternative Lebensgestaltung zu erreichen, ein überdurchschnittliches Verschlechterungsrisiko für die Ausgangslebenslage verbunden" (ebd.). Eine soziale Schichtung nach Lebenslagen oberhalb eines solchen Grenzniveaus, auf dem Grenzniveau und unterhalb des Grenzniveaus schien ihr dem Ansatz gemäßer als die Definition eines sozialen Existenzminimums.

3.3   Befähigung (Capability)

Während der Lebenslagenansatz in Wohlfahrtstheorie und Sozialstrukturanalyse außerhalb des deutschen Sprachraums weitgehend unbekannt geblieben ist,
hat Befähigung (Capability) als Konzept der Wohlfahrtsmessung seit den 1980er
Jahren durch Schriften von Amartya Sen (2002; 2010) und Martha Nussbaum
(1999; 2015) internationale Bedeutung erlangt (zu den Unterschieden zwischen den
Ansätzen von Sen und Nussbaum: Leßmann 2007, S. 158 ff.; Robeyns 2016). Für
Berichte internationaler Organisationen wie den Human Development Index (HDI)
des United Nations Development Department (UNDP), die Weltentwicklungs-
berichte der Weltbank und den „Better-Life-Index" der Organisation für wirtschaftliche Zusammenarbeit (Organisation for Economic Cooperation and Development,
OECD; vgl. OECD 2013, S. 22) bildet „capability" den wohlfahrtsökonomischen
Bezugspunkt. Der Bericht der „Commission on the Measurement of Economic Performance and Social Progress" (Stiglitz et al. 2009) empfiehlt u. a. diesen Ansatz
zur Messung von Lebensqualität in Ergänzung zum Bruttoinlandsprodukt.

In Deutschland wurde die breitere sozialwissenschaftliche Auseinandersetzung
mit dem Befähigungsansatz („capability approach")[2] durch ein Gutachten von
Volkert et al. (2003) für die Armuts- und Reichtumsberichterstattung des Bundes
angestoßen (vgl. Volkert 2005; Arndt et al. 2006). Auch neuere Sozialberichte
wie die Sozioökonomische Berichterstattung (soeb) (Bartelheimer und Kädtler
2012; Forschungsverbund Sozioökonomische Berichterstattung 2019) und die
Gleichstellungsberichte der Bundesregierung (zuletzt: BMFSFJ 2017, S. 77 ff.)
orientieren sich am Leitkonzept der Verwirklichungschancen.

Wohlfahrt oder Lebensqualität bemisst sich nach dem Befähigungsansatz an
der Summe der Handlungen und Zustände (bei Sen: „doings" und „beings"),
die einer Person möglich sind. In ihnen verwirklicht sich die praktische Freiheit
von Menschen, „das Leben zu führen, das sie mit gutem Grund wertschätzen"
(Sen 2010, S. 272). In die Bewertung sollen sowohl die tatsächlich verwirk-
lichten Funktionen der Lebensführung[3] („functionings", „achievements") als

---

[2]Schlüsselbegriffe aus der englischsprachigen Literatur werden bis heute uneinheitlich ins
Deutsche übersetzt: Volkert (2005) hat für „Capability" den Begriff der Verwirklichungschancen vorgeschlagen (vgl. auch Sen 2002), Leßmann (2007, S. 137) spricht von „Ver-
wirklichungsmöglichkeiten". Verbreitet ist auch der in diesem Text verwendete Begriff der
„Befähigung" (Bührmann und Schmidt 2014).

[3]Der Begriff der Lebensführung wird in der deutschsprachigen Literatur zum Befähigungsansatz nicht systematisch verwendet. Er verweist vielmehr auf das soziologische Konzept

auch die einer Person zugänglichen, also wählbaren alternativen Handlungen und Zustände (capabilities) einbezogen werden. Die Gesamtmenge (das „Bündel") dieser erreichten und erreichbaren Funktionen bezeichnet den „capability space" oder „capability set" einer Person: das „Vermögen, vielfältige Kombinationen von Funktionsweisen zu bewerkstelligen", die „wir nach Maßgabe dessen, was wir mit guten Grund hochschätzen, miteinander vergleichen und gegeneinander abwägen können" (ebd., S. 261). Leßmann (2007, S. 294) verwendet hierfür den durch den Lebenslagenansatz eingeführten deutschen Begriff der „Auswahl-menge".

Die realisierten Funktionen der Lebensführung sollten demnach nur einen Teil der Auswahlmenge bilden, also der Handlungsoptionen, die einer Person offen-stehen. Während das Konzept des Handlungs- und Entscheidungsspielraums in der Literatur zu Lebenslagenansatz kaum präzisiert und operationalisiert wurde, finden sich in der internationalen Forschung mit dem Capability-Konzept zahl-reiche Ansätze zur empirischen Erfassung auch des Bündels alternativer Optionen (für einen Überblick: Chiappero-Martinetti et al. 2015). Lässt sich mittels „kontrafaktischer" Zusatzinformationen näher bestimmen, dass eine beobachtete Funktion von der jeweiligen Person mit Gründen unter Alternativen gewählt wurde, spricht man von „refined functionings".

In der umfangreichen Literatur zum Capability-Ansatz wird auch versucht, das Zusammenspiel der Faktoren, von denen Gelegenheitsstrukturen und Lebens-führung abhängen, wohlfahrtsökonomisch stärker zu formalisieren. Grund-legend hierfür ist die Überlegung, dass Individuen Ressourcen in Funktionen der Lebensführung „umwandeln". Aus den jeweiligen Bedingungen und Umständen, die den Zugang zu Ressourcen und die Möglichkeiten ihrer Nutzung eröffnen, erschweren oder verschließen, ergeben sich für Personen wie für soziale Gruppen unterschiedliche Nutzungsfunktionen („utilization functions") (Leßmann 2007, S. 138 ff.; Bartelheimer et al. 2008, S. 12): Die gleiche Funktion zu erreichen, kann daher mehr oder weniger Ressourceneinsatz erfordern. Umfang und Qualität der Auswahlmenge und der realisierten Funktionen hängen also nicht nur von der Ressourcenausstattung ab, sondern auch von Umwandlungsfaktoren („conversion factors"). Robeyns (2005, S. 99) unterscheidet zwischen persönlichen, sozialen

---

der „alltäglichen Lebensführung", die das „Gesamtarrangement der unterschiedlichen Tätigkeiten" von Menschen und die Logik, nach der sie diese miteinander in Beziehung setzen, zum Gegenstand hat (Voß 1991; Voß und Weihrich 2001; Weihrich und Voß 2002).

und geografischen Faktoren. Nussbaum (2015; vgl. Leßmann 2007, S. 235) verlegt einen Teil dieser Unterscheidungen in den Begriff der „Fähigkeiten" (capabilities)[4] selbst: Als „innere" (internal) Fähigkeiten bezeichnet sie die persönlichen Anlagen und die im Lebensverlauf und unter gesellschaftlichen Bedingungen erworbenen Voraussetzungen eines Menschen, eine bestimmte Funktion zu verwirklichen, und als „kombinierte" (combined) Fähigkeiten die von der Gesellschaft gewährleisteten Möglichkeiten, diese umzusetzen.

Sen (2002, S. 28 ff.) trifft eine weitere Unterscheidung: die zwischen dem Verfahrensaspekt und dem Chancenaspekt bei der Wahl einer Funktion der Lebensführung. Wahlmöglichkeiten können aufgrund von Verfahrensregeln ungleich sein, etwa weil bürgerliche, politische oder soziale Rechte eingeschränkt sind, oder weil die materiellen Ressourcen, von denen die Chancenausstattung abhängt, ungleich verteilt sind.

Um bewerten zu können, wie weit Menschen fähig sind, das Leben zu führen, das sie „mit gutem Grund wertschätzen", ist nach Sen (2010, S. 272) zum einen zu fragen, „was Personen wertschätzen", und zum anderen, „welche Einflüsse auf ihre Bewertungen einwirken". Seine Formel, wonach individuelle Präferenzen einen „guten Grund" haben sollen, berücksichtigt, dass materielle Beschränkungen das Urteil der Betroffenen über ihre Lage beeinflussen: Da sich Menschen an prekäre oder beengende Bedingungen und fehlende Wahlmöglichkeiten anpassen, liefern Selbstauskünfte in Befragungen über Lebenszufriedenheit keine ausreichende Grundlage für Bewertungen und Vergleiche.[5] Sie trägt weiter der normativen Forderung Rechnung, dass eigene Wünsche und Ziele nur so verfolgt werden sollen, dass die Befähigung anderer nicht eingeschränkt wird. Schließlich diskutiert Sen ausführlich, dass Gerechtigkeitsurteile und gesellschaftliche Normen die „Informationsbasis der Bewertung" (Sen 2002, S. 73 ff.) beeinflussen, also Ansprüche gewichten und darauf Einfluss nehmen, welche Handlungen und Zustände als wertvoll angesehen werden.

---

[4]Dass „Capabilities" in der Lesart von Nussbaum mit „Fähigkeiten" übersetzt wird, verweist auch auf Unterschiede zwischen ihrer Version des Konzepts und der von Sen (vgl. Leßmann 2007, S. 126, Fn. 116).

[5]Objektive Lebensbedingungen und Selbstauskünfte über Wohlbefinden ergeben nicht nur die aus Beobachtersicht konsistenten Kombinationen von Wohlstand mit Zufriedenheit und Deprivation mit Unzufriedenheit, sondern auch Unzufriedenheit trotz guter Bedingungen („Dissonanz") und Zufriedenheit bei beschränkenden Lebensbedingungen („Zufriedenheitsparadox") (Zapf 1984).

Das Konzept der Befähigung soll geeignet sein, Wohlfahrtsniveaus zwischen Personen, sozialen Gruppen, Ländern und verschiedenen Zeitpunkten zu vergleichen. Sen (2002, S. 102) plädiert dafür, die Elemente des Wohlfahrtsbündels, auf die sich solche Vergleiche beziehen, abhängig von der Fragestellung, dem gesellschaftlichen Kontext und dem historischen Zeitpunkt durch Reflexion oder im öffentlichen Diskurs zu bestimmen, und er ist zuversichtlich, dass sich über die Auswahl und die Bewertung „praktische Kompromisse" (ebd., S. 107) finden lassen. Dagegen gibt Nussbaum (1999, S. 200 ff.) eine Liste von zehn zentralen Fähigkeiten („central capabilities") vor, die universell gelten und institutionell (d. h. wohlfahrtsstaatlich) garantiert werden sollen. Während Sen offenlässt, mit welchem Gewicht einzelne Fähigkeiten in die Bewertung eingehen, gelten Nussbaum die einzelnen Elemente ihres Katalogs als unvergleichbar, und sie schließt die Möglichkeit aus, sie gegeneinander aufzurechnen: „Ich meine, dass ein Leben, dem eine dieser Fähigkeiten fehlt, kein gutes Leben ist, unabhängig davon, was es sonst noch aufweisen mag." (ebd.)[6]

3.4 Teilhabe nach Lebenslagen- und Befähigungsansatz

Die Konzepte der Lebenslage und der Befähigung sind unabhängig voneinander entstanden und haben jeweils eigene Terminologien ausgeprägt. Sie verstehen jedoch die Zielgröße individueller Wohlfahrt und die Beziehung der Individuen zur Gesellschaft bei der Umsetzung ökonomischer Ressourcen in Wohlfahrt (also bei der „Wohlfahrtsproduktion") strukturell ähnlich. Im Folgenden wird zusammengefasst, an welchen Gemeinsamkeiten beider Ansätze eine wohlfahrtstheoretische Bestimmung des Teilhabebegriffs ansetzen kann.[7]

Da Menschen ihre Teilhabe an einem Lebensbereich oder den Einbezug in eine Lebenssituation vermittelt über Aktivitäten erreichen, müssen Merkmale ihrer tatsächlichen Lebensführung möglichst direkt erfasst werden. Nach dem

---

[6]Leßmann (2007, S. 317) weist darauf hin, dass Neuraths Verständnis der Lebenslage in diesem Punkt Nussbaums Position entspricht, er sieht die verschiedenen Lebenslagedimensionen als unvergleichbar an.

[7]Mit dem Leitbegriff der „Teilhabe- und Verwirklichungschancen" greift die Armuts- und Reichtumsberichterstattung des Bundes ab dem zweiten Bericht (Bundesregierung 2005) diesen gemeinsamen Bedeutungskern von Lebenslage und Capability auf (vgl. zuletzt Bundesregierung 2017).

sogenannten Ressourcenansatz wird nur indirekt von Geldgrößen, also Einkommen, Vermögen und Konsumausgaben, auf Wohlfahrt geschlossen (Dittmann und Goebel 2018, S. 23 ff.) Da offensichtlich der gleiche Geldbetrag je nach persönlicher Situation und nach räumlichen und gesellschaftlichen Bedingungen ungleiche Möglichkeiten schafft, würde dieser indirekte Schluss nur einen ersten Anhaltspunkt für die erreichte Teilhabe bieten. Im Unterschied zum Ressourcenansatz stehen Lebenslagen- und Befähigungsansatz für solche direkte Verfahren der Wohlfahrtsmessung; in ihnen haben materielle Ressourcen instrumentelle Bedeutung für die Verwirklichung von „Grundanliegen" bzw. als „Mittel zu hoch bewerteten Lebenszwecken" (Sen 2010, S. 261).[8] Eben deshalb, weil sie sich „vor allem mit der tätigen Seite des Individuums" befassen (seiner „agency"; vgl. Sen 2002, S. 30 f.), bieten sich beide Ansätze als Grundlage für eine Begriffsbestimmung von Teilhabe an.

Gemeinsam ist dem Lebenslagen- und dem Befähigungsansatz, dass sie Lebensqualität als einen Möglichkeitsraum der Lebensführung auffassen (Leßmann 2007, S. 321). Den Begriffen „Handlungs- und Entscheidungsspielraum" (Lebenslage) und „Auswahlmenge" erreichbarer Funktionen (Befähigung) liegt die gleiche Überlegung zugrunde, dass eine Aktivität oder eine Lebenssituation dann individuell wertvoll ist, wenn sie unter Alternativen gewählt werden konnte.[9] Der multidimensionale Bewertungsraum für die Wohlfahrtsposition einer Person, den beide Ansätze – bei allen Unterschieden in der verwendeten Terminologie – zu konstruieren suchen, schließt sowohl realisierte Elemente als auch einen Spielraum für die Wahl zwischen Alternativen ein. Eine Orientierung an diesen Konzepten führt daher zur Unterscheidung von Teilhabechancen und realisierter Teilhabe. Gleichstellungs- und Gerechtigkeitsnormen beziehen sich vor allem auf Gleichheit der Teilhabeoptionen und Gleichwertigkeit der Teilhabeergebnisse, nicht auf Gleichheit der Ressourcen oder Gleichheit der Lebensführung.

---

[8]Ein weiteres direktes Konzept der Wohlfahrtsmessung ist der Lebensstandardansatz (Townsend 1979; Andreß 2008). Er bewertet Wohlfahrtslagen nach der tatsächlichen Versorgung mit Gütern oder Dienstleistungen.

[9]Auch wenn der Lebensstandardansatz (vgl. Fn. 8) allein auf realisierte Funktionen der Lebensführung abstellt, fragt er noch danach, ob ein Lebensstandard-Item fehlt, weil es sich jemand nicht leisten kann oder weil es nicht gewünscht ist. Nur der erste Fall zählt dann für die Berechnung von Deprivation.

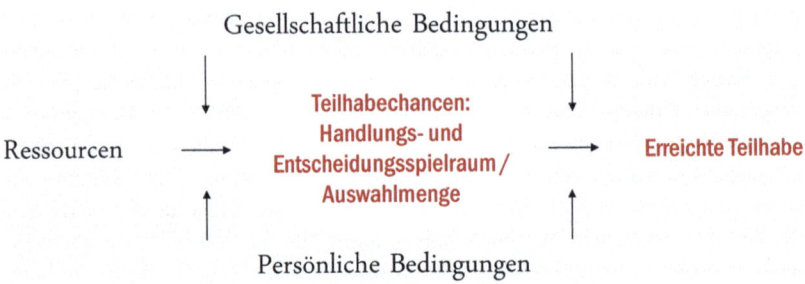

Abb. 3.2 Wie Teilhabe entsteht – ein Grundmodell (nach Bartelheimer und Henke 2018, S. 17)

Abb. 3.2 stellt den Zusammenhang zwischen Ressourcen und Teilhabe schematisch dar.[10] Teilhabe setzt zunächst den Zugang zu materiellen Ressourcen voraus, die Menschen in den für sie wesentlichen Bereichen der Lebensführung für persönlich wertvolle Ziele einsetzen können. Welche Ressourcen sie benötigen, um Teilhabeziele zu erreichen, ist abhängig von ihren persönlichen Voraussetzungen und strukturellen, d. h. gesellschaftlichen Bedingungen; z. B. wird eine Person mit gesundheitlichen Einschränkungen in einer durch Barrieren geprägten Umgebung für vergleichbare Teilhabeoptionen mehr Ressourcen einsetzen müssen als eine Person ohne Funktionseinschränkungen. Die zu berücksichtigenden persönlichen Voraussetzungen können von körperlichen Funktionen über erworbene Eigenschaften, wie z. B. Bildungsstand und Fertigkeiten bis zu den Präferenzen, Werthaltungen und Informationen reichen, aufgrund derer Menschen zwischen Optionen wählen. Zu den strukturellen Umwandlungsbedingungen zählt z. B., ob gesellschaftliche Funktionssysteme inklusiv gestaltet sind oder durch physische Barrieren oder Mechanismen sozialer Schließung versperrt werden. Auch Marktmechanismen und sozialrechtliche Anspruchsvoraussetzungen setzen Zugangsregeln. Aus der Passung von persönlichen und strukturellen Voraussetzungen ergeben sich die einer Person zugänglichen Teilhabeoptionen. Personen bewerten diese Optionen, und Teilhabe gelingt, wenn

---

[10]Sen verwendet dafür den wohlfahrtsökonomischen Begriff der „Umwandlungsfunktion", die sich auch formalisiert darstellen ließe.

sie in für sie wertvollen Lebensbereichen die von ihnen gewählten Funktionen erreichen und diese in ihrer Lebensführung miteinander in Einklang bringen.

Das Grundmodell zeigt jedoch nur, wie die Herstellung von Teilhabe unter Rückgriff auf Grundüberlegungen des Lebenslagen- und Befähigungskonzepts konzipiert werden kann. Für viele weitere Fragen, die sich bei der Bestimmung des Teilhabebegriffs und in der empirischen Forschung stellen, können sich die Antworten nicht aus diesem hier skizzierten paradigmatischen Kern ergeben. Denn auch in der Literatur zu den hier diskutierten Theoriebezügen bleiben konzeptionelle Punkte kontrovers oder unbestimmt oder ihre empirische Umsetzung trifft auf grundlegende Schwierigkeiten. Lösungen müssen in der Forschungspraxis in weiteren gegenstandsbezogenen Theorien und Unter- suchungsansätzen gefunden werden. Im Folgenden werden Probleme des Umgangs mit der Mehrdimensionalität und dem Chancenaspekt des Modells sowie die Berücksichtigung von Sozial- und Gesellschaftsstruktur und der zeit- lichen Ordnung angesprochen.

Wie Lebenslage und Befähigung müssen Teilhabechancen und erreichte Teil- habe mehrdimensional bestimmt werden. Die Forschung kann aber aus keinem der beiden Ansätze eine theoretisch oder empirisch begründete, verbindliche Abgrenzung von Dimensionen übernehmen, sondern wird jeweils thematisch relevante Bereiche der Lebensführung oder gesellschaftliche Funktionssysteme festlegen. Für die Teilhabepositionen von Menschen mit gesundheitlichen Beein- trächtigungen können rechtliche Unterscheidungen genutzt werden, wie die in der UN-BRK garantierten Menschenrechte oder die in § 5 SGB IX definierten Leistungsgruppen, aber auch die oben erörterten ICF-Lebensbereiche oder die im Teilhabebericht (BMAS Soziales 2013b; 2016b) behandelten gesellschaft- lichen Bereiche. Zwar verspricht die Orientierung an Nussbaums Liste (siehe Abschn. 3.3) eine Lösung für das Problem, einen mehrdimensionalen Merkmals- raum zu strukturieren, doch müssen auch ihre „zentralen Fähigkeiten" für Personengruppen und Situationen jeweils angemessen konkretisiert werden; sie lassen sich nicht zu einer Gesamtbewertung zusammenführen.[11]

Auf die Frage, ob sich Teilhabedefizite in einer Dimension mit erreichter Teil- habe in anderen Dimensionen aufrechnen lassen, ob also z. B. individuelle Unter-

---

[11]Der BAESCAP-Forschungsverbund zur Bewertung sozialpsychiatrischer Versorgung ver- wendet u. a. einen Indikatorenset, der aus Nussbaums Liste abgeleitet ist (Speck 2018). Baumgardt et al. (2018, S. 145) kommen zu dem skeptischen Schluss, dass sich die Liste eher für eine eindimensionale Messung über einen Index eignet.

stützung die fehlenden Merkmale regulärer Beschäftigung in einer Werkstatt für behinderte Menschen aufwiegt, geben Lebenslagen- und Befähigungsansatz keine einheitliche Antwort.[12]

Teilhabe an einem Lebensbereich oder Funktionssystem kann sowohl einen Eigenwert als auch instrumentelle Bedeutung für Teilhabe in anderen Bereichen haben. Daher sind bei der Abgrenzung von Dimensionen Komplementaritäten oder „strukturelle Kopplungen" (Engels 2006, S. 114) zu berücksichtigen (z. B. solche zwischen Erwerbssystem, sozialen Nahbeziehungen, sozialer Sicherung und Bildungsbeteiligung).[13] Nussbaum (2015) unterscheidet nach Wolff und De-Shalit (2007) fruchtbare Funktionen („fertile functionings"), die mit anderen Fähigkeiten in Verbindung stehen und diese befördern, und zersetzende Benachteiligungen („corrosive disadvantage"), also Beschränkungen, die andere Nachteile nach sich ziehen und Spielräume weiter begrenzen (vgl. Speck 2018, S. 21).

In die Bewertung der Teilhabesituation einer Person oder einer sozialen Gruppe nach dem Lebenslagen- oder Capability-Ansatz können sowohl Umfang und Qualität der Auswahlmenge als auch die erreichten Funktionen der Lebensführung eingehen (in Abb. 3.2 sind daher sowohl die Auswahlmenge als auch die erreichten Funktionen als zu erklärende und zu bewertende „Outcome"-Größen hervorgehoben). Das „Bündel von Funktionsweisen, das schließlich gewählt wird", ist aber empirisch wesentlich einfacher zu beobachten als das der alternativen, nicht realisierten „Chancen und Auswahlmöglichkeiten" (Sen 2010, S. 264) oder als die Wahl, die den beobachteten Zuständen oder Tätigkeiten vorausging.[14]

---

[12]Das vom BMAS beauftragte Gutachten zur Bestimmung des Personenkreises, der nach der Überführung der Eingliederungshilfe aus dem SGB XII ins SGB IX leistungsberechtigt sein sollte, kam zu dem Schluss, „eine ,Verrechnung' von Einschränkungen aus unterschiedlichen Lebensbereichen" sei „nicht möglich" (Deutscher Bundestag 2018, S. 86).

[13]Der Zweite Teilhabebericht der Bundesregierung (BMAS 2016b, S. 527 ff.) vergleicht die Situation von Menschen mit und ohne Beeinträchtigungen, versucht darüber hinaus aber auch, „typische Konstellationen der Lebenslage" mehrdimensional zu bestimmen. An der Kopplung von Erwerbsbeteiligung, sozialem Nahbereich und sozialer Sicherung setzt der Vorschlag von Castel (2000, S. 151) an, Integration, Verwundbarkeit, Fürsorge und Entkopplung als Zonen gesellschaftlichen Zusammenhalts zu unterscheiden (vgl. Bartelheimer und Kädtler 2012).

[14]Im Vierten Armuts- und Reichtumsbericht gab das BMAS (2013a, S. 23 f.) den ursprünglichen Anspruch, Aussagen über den Zusammenhang zwischen Teilhabechancen („Zugänge, Infrastruktur") und Teilhabeergebnissen zu machen, mit Hinweis auf die

In der Forschungspraxis ist daher jeweils begründet zu entscheiden, wie weit die Fragestellung „kontrafaktische" Informationen über Teilhabechancen erfordert und wie weit diese auf der individuellen Ebene, z. B. durch Befragung oder Beobachtung, gewonnen werden müssen. Je diverser und individueller die im Ergebnis realisierten Lebensweisen sein können, desto schwerer wiegt der normative Anspruch, den Möglichkeitsraum zur Informationsgrundlage der Bewertung zu machen. Sind dagegen in bestimmten institutionellen Kontexten oder bei bestimmten Personengruppen Wahlmöglichkeiten eingeschränkt oder ausgeschlossen, kann dies ein Argument dafür sein, den Schwerpunkt auf die tatsächlich erreichte Teilhabe zu legen,[15] jedoch können damit auch Beschränkungen, Barrieren und Präferenzanpassungen aus dem Blick geraten. Die Konzentration allein auf Chancen kann zur Folge haben, dass Teilhabeeinschränkungen aufgrund vorausgegangener individueller Entscheidungen aus dem Blick geraten oder sozialstaatliche Ausgleichsansprüche mit Hinweis auf Chancengleichheit beschränkt werden.

Dass das Teilhabekonzept Wohlfahrt aus der Perspektive individuell wertvoller Chancen und Funktionen, d. h. normativ individualistisch, bewertet, schließt seinen Gebrauch für die Sozialstrukturanalyse oder für die Beschreibung kollektiver Teilhabepositionen nicht aus. Bestimmend wird dieses Interesse, charakteristische Lebenslagen sozialer Gruppen darzustellen, in der Sozialberichterstattung. Aussagen über die Teilhabe von sozialen Gruppen setzen jedoch voraus, dass Individualdaten nach konzeptionell geeigneten Kategorien der Sozialstruktur aggregiert werden. Um die Verteilung von Ressourcen, die institutionelle Ordnung und die Barrieren und Zugangsvoraussetzungen zu erklären, die in wesentlichen Lebensbereichen über Zugang oder Ausschluss entscheiden, muss die Forschung auf weitere, dem jeweiligen Gegenstand angemessene Theorieelemente und Analysekonzepte zurückgreifen können.[16]

---

empirische Schwierigkeit auf: Vorhandene Indikatoren messen meist Teilhabergebnisse, „kaum jedoch die tatsächlich bereitgestellten Möglichkeiten" (ebd., S. 21 ff.).

[15]Robeyns (2016, S. 4001) argumentiert, bei Personen, deren „agency-capacity" eingeschränkt sei, etwa Kleinkindern oder Menschen mit schweren kognitiven Einschränkungen, solle der Schwerpunkt des normativen Interesses auf den erreichten Funktionen liegen.

[16]Einen Ansatz zur sozialen Strukturierung von Teilhabe, der auf die Konzepte der Wohlfahrtsproduktion, des Produktions- und Sozialmodells und das Zonenmodell des französischen Soziologen Robert Castel zurückgreift, skizzieren Bartelheimer und Kädtler (2012).

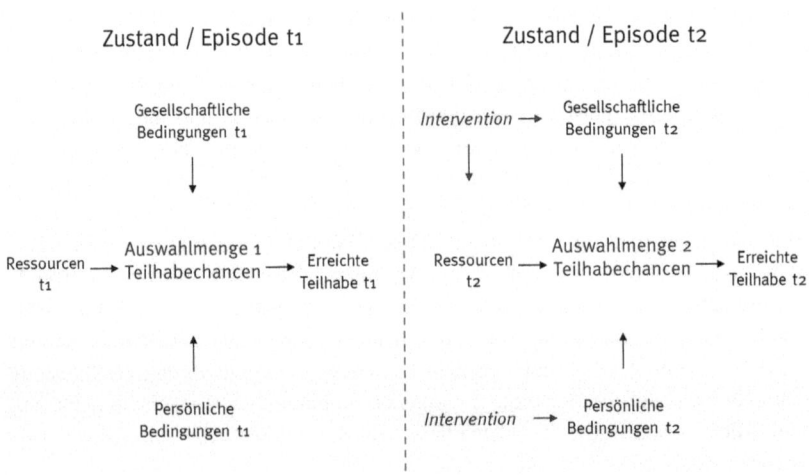

Abb. 3.3 Teilhabewirkungen (nach Bartelheimer und Henke 2018, S. 20)

Teilhabechancen und Teilhabekonstellationen entstehen über die Zeit. Das in Abb. 3.2 dargestellte Grundmodell ist jedoch statisch, es strukturiert eine Momentaufnahme. Leßmann (2007, S. 319; 326) weist darauf hin, dass im Lebenslagen- wie im Befähigungsansatz die „Modellierung des zeitlichen Ablaufs" zunächst vernachlässigt wurde. In der Forschungspraxis wird es jedoch häufig darum gehen, Teilhabewirkungen z. B. eines Programms oder einer Maßnahme über zwei oder mehr Messzeitpunkte zu bewerten. Erst eine biografische Perspektive kann zeigen, wie Teilhabeeinschränkungen und gelingende Teilhabe über die Lebensphase hinauswirken, in der sie erlebt werden, wie Benachteiligungen oder Vorteile im Lebensverlauf kumulieren und wie sich Spielräume der Lebensführung erweitern oder verengen. Es kommt daher auf die zeitliche Ordnung von Optionen, Wahlentscheidungen und Teilhabeergebnissen an – in einzelnen Lebensphasen und über den gesamten Lebensverlauf.

Abb. 3.3 „dynamisiert" daher das abstrakte Grundmodell. Teilhabechancen und erreichte Teilhabe werden für zwei Zeitpunkte verglichen. Gegenstand des Vergleichs ist, ob sich die Zahl und Qualität der Optionen und die Teilhabeergebnisse verbessert haben. Intervenierende Faktoren, die diese Veränderung erklären, können sowohl am Zugang zu Ressourcen als auch an den persönlichen Voraussetzungen und an den strukturellen und institutionellen Zugangsvoraussetzungen ansetzen. Wie bei jedem wirkungsorientierten Ansatz geht es dann darum, Nettowirkungen zu identifizieren und einer oder mehreren Einflussgrößen zuzurechnen, Wirkungsannahmen zu überprüfen und Programmtheorien zu entwickeln.

> **FAZIT**
> Lebenslagen- und Befähigungsansatz messen gesellschaftliche Entwicklung an individueller Freiheit und fragen beim Vergleich und bei der Bewertung von Wohlfahrtspositionen nach den gesellschaftlichen Ursachen für ungleiche Möglichkeiten freier individueller Entwicklung. Teilhabe als Wahrnehmung eines Handlungs- und Entscheidungsspielraums oder als Verwirklichung einer Fähigkeit („capability") ist an individuelle und strukturelle Voraussetzungen gebunden.

Literatur

Amann, A. (2000). Sozialpolitik und Lebenslagen älterer Menschen. In G. M. Backes & W. Clemens (Hrsg.), *Lebenslagen im Alter. Gesellschaftliche Bedingungen und Grenzen* (S. 53–74). Opladen: Leske + Budrich.

Andreß, H.-J. (2008). Lebensstandard und Armut – ein Messmodell. In A. Groenemeyer & S. Wieseler (Hrsg.), *Soziologie sozialer Probleme und sozialer Kontrolle. Realitäten, Repräsentationen und Politik* (S. 473–487). Wiesbaden: VS Verlag für Sozialwissenschaften.

Andretta, G. (1991). *Zur konzeptionellen Standortbestimmung von Sozialpolitik als Lebenslagenpolitik.* Göttingen: Dissertationsdruck.

Arndt, C., Dann, S., Kleimann, R., Strotmann, H., & Volkert, J. (2006). Das Konzept der Verwirklichungschancen (A. Sen) – Empirische Operationalisierung im Rahmen der Armuts- und Reichtumsmessung. Machbarkeitsstudie. Endbericht an das Bundesministerium für Arbeit und Soziales. https://nbn-resolving.org/urn:nbn:de:0168-ssoar-265292. Zugegriffen: 21. Apr. 2020.

Bartelheimer, P., & Henke, J. (2018). *Vom Leitziel zur Kennzahl. Teilhabe messbar machen.* Düsseldorf: FGW-Publikationen.

Bartelheimer, P., & Kädtler, J. (2012). Produktion und Teilhabe – Konzepte und Profil sozioökonomischer Berichterstattung. In Berichterstattung zur sozioökonomischen Entwicklung in Deutschland (Hrsg.), *Teilhabe im Umbruch. Zweiter Bericht* (S. 41–85). Wiesbaden: VS Verlag für Sozialwissenschaften.

Bartelheimer, P., Büttner, R., & Kädtler, J. (2008). *Amartya Sens wohlfahrtstheoretischer Ansatz: Verwirklichungschancen als Konzept zur Beurteilung von Arbeitsmarkt- und Sozialpolitik?* Göttingen: SOFI-Arbeitspapier.

Baumgardt, J., Daum, M., von dem Knesebeck, O., Speck, A., & Röh, D. (2018). Verwirklichungschancen unter chronisch psychisch erkrankten Menschen: erste Erfahrung in der Anwendung einer deutschen Vorabversion des OxCAP-MH im Rahmen des BAESCAP-Forschungsverbunds. *Psychiatrische Praxis, 45,* 140–147.

BMAS – Bundesministerium für Arbeit und Soziales. (2013a). Lebenslagen in Deutschland. Der Vierte Armuts- und Reichtumsbericht der Bundesregierung. https://www.bmas.de/SharedDocs/Downloads/DE/PDF-Publikationen-DinA4/a334-4-armutsreichtumsbericht-2013.pdf. Zugegriffen: 21. Apr. 2020.

BMAS – Bundesministerium für Arbeit und Soziales. (2013b). Teilhabebericht der Bundesregierung über die Lebenslagen von Menschen mit Beeinträchtigungen. Teilhabe – Beeinträchtigung – Behinderung. https://www.bmas.de/SharedDocs/Downloads/DE/PDF-Publikationen/a125-13-teilhabebericht.pdf. Zugegriffen: 21. Apr. 2020.

BMAS – Bundesministerium für Arbeit und Soziales. (2016b). Zweiter Teilhabebericht der Bundesregierung über die Lebenslagen von Menschen mit Beeinträchtigungen. Teilhabe – Beeinträchtigung – Behinderung. http://www.bmas.de/SharedDocs/Downloads/DE/PDF-Publikationen/a125-16-teilhabebericht.pdf. Zugegriffen: 21. Apr. 2020.

BMFSFJ – Bundesministerium für Familie, Senioren, Frauen und Jugend. (2017). Zweiter Gleichstellungsbericht der Bundesregierung. Bundestagsdrucksache 18/2840. https://www.bmfsfj.de/bmfsfj/service/publikationen/zweiter-gleichstellungsbericht-der-bundesregierung/119796. Zugegriffen: 21. Apr. 2020.

Bührmann, A., & Schmidt, M. (2014). Entwicklung eines reflexiven Befähigungsansatzes für mehr Gerechtigkeit in modernen, ausdifferenzierten Gesellschaften. In Friedrich-Ebert-Stiftung (Hrsg.), *Was macht ein gutes Leben aus? Der Capability Approach im Fortschrittsforum* (S. 37–46). Berlin: Friedrich-Ebert-Stiftung.

Bundesregierung. (2005). Lebenslagen in Deutschland. Der 2. Armuts- und Reichtumsbericht der Bundesregierung. https://www.armuts-und-reichtumsbericht.de/SharedDocs/Downloads/Berichte/lebenslagen-deutschland-zweiter-armuts-reichtumsbericht.pdf. Zugegriffen: 21. Apr. 2020.

Bundesregierung. (2017). Entwurf eines Gesetzes zur Stärkung von Kindern und Jugendlichen (Kinder- und Jugendstärkungsgesetz – KJSG). Gesetzentwurf der Bundesregierung. Bundestagsdrucksache 18/12330 vom 15.05.2017. http://dipbt.bundestag.de/dip21/btd/18/123/1812330.pdf. Zugegriffen: 21. Apr. 2020.

Castel, R. (2000). *Die Metamorphosen der sozialen Frage. Eine Chronik der Lohnarbeit.* Konstanz: UVK.

Chiappero-Martinetti, E., Egdell, V., Hollywood, E., & McQuaid, R. (2015). Operationalisation of the capability approach. In H.-W. Otto (Hrsg.), *Facing trajectories from school to work. Towards a capability-friendly Youth Policy in Europe* (S. 115–139). Cham: Springer.

Clemens, W., & Naegele, G. (2004). Lebenslagen im Alter. In A. Kruse & M. Martin (Hrsg.), *Enzyklopädie der Gerontologie. Alternsprozesse in multidisziplinärer Sicht* (S. 387–402). Bern: Verlag Hans Huber.

Deutscher Bundestag. (2018). Abschlussbericht zu den rechtlichen Wirkungen im Fall der Um-setzung von Artikel 25a § 99 des Bundesteilhabegesetzes (ab 2023) auf den leistungsberechtigten Personenkreis der Eingliederungshilfe. Unterrichtung durch die Bundesregierung. Bundestagsdrucksache 19/4500 vom 13.09.2018. http://dip21.bundestag.de/dip21/btd/19/045/1904500.pdf. Zugegriffen: 21. Apr. 2020.

DIMDI – Deutsches Institut für Medizinische Dokumentation und Information. (2005). Internationale Klassifikation der Funktionsfähigkeit, Behinderung und Gesundheit

(ICF). https://www.dimdi.de/dynamic/de/klassifikationen/icf/. Zugegriffen: 21. Apr. 2020.

Dittmann, J., & Goebel, J. (2018). Armutskonzepte. In P. Böhnke, J. Dittmann, & J. Goebel (Hrsg.), *Handbuch Armut: Ursachen, Trends, Maßnahmen* (S. 21–34). Opladen: Barbara Budric.

Dreitzel, H. P. (1972). *Die gesellschaftlichen Leiden und das Leiden an der Gesellschaft.* Stuttgart: Enke.

Engels, D. (2006). Lebenslagen und Exklusion. Thesen zur Reformulierung des Lebenslagenkonzepts für die Sozialberichterstattung. *Sozialer Fortschritt, 55,* 109–117.

Engels, D. (2007). Gestaltung von Politik und Gesellschaft – Armut und Reichtum an Teilhabechancen. Gutachten zur Vorbereitung des 3. Armuts- und Reichtumsberichts. https://nbn-resolving.org/urn:nbn:de:0168-ssoar-323275. Zugegriffen: 21. Apr. 2020.

Engels, D. (2015). Lebenslage und gesellschaftliche Inklusion: Theoretischer Ansatz und empirische Umsetzung am Beispiel von Personen mit Migrationshintergrund. In H. Romahn & D. Rehfeld (Hrsg.), *Lebenslagen – Beiträge zur Gesellschaftspolitik* (S. 153–174). Marburg: Metropolis.

Forschungsverbund Sozioökonomische Berichterstattung. (Hrsg.) (2019). Berichterstattung zur sozioökonomischen Entwicklung in Deutschland. Exklusive Teilhabe – ungenutzte Chancen. Dritter Bericht. Bielefeld: W. Bertelsmann Verlag. https://doi.org/10.3278/6004498w.

Glatzer, W., & Hübinger, W. (1990). Lebenslagen und Armut. In D. Döring, W. Hanesch, & E.-U. Huster (Hrsg.), *Armut im Wohlstand* (S. 31–55). Frankfurt a. M.: Suhrkamp.

Hirschberg, M. (2009). *Behinderung im internationalen Diskurs Die flexible Klassifizierung der Weltgesundheitsorganisation.* Frankfurt a. M.: Campus.

Hradil, S. (1999). *Soziale Ungleichheit in Deutschland.* Opladen: Leske + Budrich.

Leßmann, O. (2007). *Konzeption und Erfassung von Armut. Vergleich des Lebenslage-Ansatzes mit Sens ‚Capability'-Ansatz.* Berlin: Duncker & Humblot.

Nahnsen, I. (1975). Bemerkungen zum Begriff und zur Geschichte des Arbeitsschutzes. In M. Osterland (Hrsg.), *Arbeitssituation, Lebenslage und Konfliktpotential* (S. 145–166). Frankfurt a. M.: Europäische Verlagsanstalt.

Nahnsen, I. (1992). Lebenslagenvergleich. Ein Beitrag zur Vereinigungsproblematik. In H. A. Henkel & U. Merle (Hrsg.), *„Magdeburger Erklärung" – Neue Aufgaben der Wohnungswirtschaft* (S. 102–144). Regensburg: Transfer.

Nussbaum, M. (1999). *Gerechtigkeit oder Das gute Leben.* Frankfurt a. M.: Suhrkamp.

Nussbaum, M. (2015). *Fähigkeiten schaffen. Neue Wege zur Verbesserung menschlicher Lebensqualität.* Freiburg: Karl Alber.

OECD – Organisation for Economic Cooperation and Development. (2013). How's Life? 2013: Measuring Well-being. http://www.oecd.org/sdd/3013071e.pdf. Zugegriffen: 21. Apr. 2020.

Robeyns, I. (2005). The capability approach: A theoretical survey. *Journal of Human Development and Capabilities, 6*(1), 93–117.

Robeyns, I. (2016). Capabilitarianism. *Journal of Human Development and Capabilities, 17*(3), 397–414.

Schuntermann, M. F. (2009). *Einführung in die ICF: Grundkurs – Übungen – offene Fragen.* Heidelberg: ecomed Medizin.

Schuntermann, M. F. (2011). 10 Jahre ICF. Erfahrungen und Probleme. https://www.medizin.uni-halle.de/fileadmin/Bereichsordner/Institute/ GesundheitsPflegewissenschaften/Hallesche_Beitr%C3%A4ge_und_EBN/Halle-PfleGe-10-02.pdf. Zugegriffen: 21. Apr. 2020.

Sen, A. (2002). Ökonomie für den Menschen. Wege zu Gerechtigkeit und Solidarität in der Marktwirtschaft. München: DTV.

Sen, A. (2010). Die Idee der Gerechtigkeit. München: Beck.

Speck, A. (2018). Von der Teilhabe zur Befähigung. In Landesverband Sozialpsychiatrie Mecklenburg-Vorpommern e. V., A. Speck, & I. Steinhart (Hrsg.), Abgehängt und chancenlos? Teilhabechancen und Risiken von Menschen mit schweren psychischen Beeinträchtigungen (S. 10–32). Köln: Psychiatrie Verlag.

Stiglitz, J. E., Sen, A., & J.-P. Fitoussi (2009). Report by the Commission on the Measurement of Economic Performance and Social Progress. https://www. researchgate.net/publication/258260767_Report_of_the_Commission_on_the_ Measurement_of_Economic_Performance_and_Social_Progress_CMEPSP/ link/5834488208aef19cb81f795f/download. Zugegriffen: 21. Apr. 2020.

Townsend, P. (1979). Poverty in the United Kingdom. A survey of household resources and standards of living. Penguin: Harmondsworth.

Voges, W., Jürgens, O., Mauer, A., & Meyer, E. (2003). Methoden und Grundlagen des Lebenslagenansatzes. Endbericht. Bremen: Universität Bremen/Zentrum für Sozialpolitik.

Volkert, J. (2005). Das Capability-Konzept als Basis der deutschen Armuts- und Reichtumsberichterstattung. In J. Volkert (Hrsg.), Armut und Reichtum an Verwirklichungschancen. Amartya Sens Capability-Konzept als Grundlage der Armuts- und Reichtumsberichterstattung (S. 119–148). Wiesbaden: VS Verlag für Sozialwissenschaften.

Volkert, J., Klee, G., Kleimann, R., Scheurle, U., & Schneider, F. (2003). Operationalisierung der Armuts- und Reichtumsmessung. Schlussbericht an das Bundesministerium für Gesundheit und Soziale Sicherung. Tübingen: Institut für Angewandte Wirtschaftsforschung (IAW). https://nbn-resolving.org/urn:nbn:de:0168-ssoar-332677. Zugegriffen: 21. Apr. 2020.

Voß, G.-G. (1991). Lebensführung als Arbeit. Über die Autonomie der Person im Alltag der Gesellschaft. Stuttgart: Enke.

Voß, G.-G., & Weihrich, M. (Hrsg.) (2001). tagaus – tagein. Neue Beiträge zur Soziologie alltäglicher Lebensführung: Bd. 1. Arbeit und Leben im Wandel. Schriftenreihe zur subjektorientierten Soziologie der Arbeit und der Arbeitsgesellschaft. München: Hampp.

Weihrich, M., & Voß, G.-G. (Hrsg.). (2002). tag für tag. Alltag als Problem – Lebensführung als Lösung? (Neue Beiträge zur Soziologie Alltäglicher Lebensführung 2). München: Hampp.

Weisser, G. (1978). Sozialpolitik. In G. Weisser (Hrsg.), Beiträge zur Gesellschaftspolitik (S. 275–283). Göttingen: Schwartz. (Erstveröffentlichung 1972).

Weisser, G., & Herkenrath, K. (1957). Zu § 4 der Vorlesung Sozialpolitik I von Professor Dr. Gerhard Weisser. Archiv der sozialen Demokratie: Nachlass Gerhard Weisser, Akte 2094.

Wenzel, T.-R., & Morfeld, M. (2016). Das biopsychosoziale Modell und die Internationale Klassifikation der Funktionsfähigkeit, Behinderung und Gesundheit. Beispiele für die Nutzung des Modells, der Teile und der Items. *Bundesgesundheitsblatt – Gesundheitsforschung – Gesundheitsschutz, 59*(9), 1125–1132.

Wenzel, T.-R., & Morfeld, M. (2017). Nutzung der ICF in der medizinischen Rehabilitation in Deutschland: Anspruch und Wirklichkeit. *Bundesgesundheitsblatt – Gesundheitsforschung – Gesundheitsschutz, 60*(4), 386–393.

WHO – World Health Organization. (2001). *International classification of functioning, disability and health.* Geneva: WHO.

Wolff, J., & De-Shalit, A. (2007). *Disadvantage.* New York: Oxford University Press.

Zapf, W. (1984). Individuelle Wohlfahrt: Lebensbedingungen und wahrgenommene Lebensqualität. In W. Glatzer & W. Zapf (Hrsg.), *Lebensqualität in der Bundesrepublik. Objektive Lebensbedingungen und subjektives Wohlbefinden* (S. 13–26). Frankfurt a. M.: Campus.

Zum Begriffskern von Teilhabe

4

Aus der Diskussion der sozialpolitischen Begriffsverwendung (Kap. 2) und der konzeptionellen Bezüge (Kap. 3) lassen sich sieben wesentliche Kernelemente des Teilhabebegriffs ableiten. Die Wechselbeziehung zwischen persönlichen und gesellschaftlichen Faktoren, die subjektorientierte Perspektive, die Orientierung auf Spielraum und Wahlmöglichkeiten der Lebensführung, Mehrdimensionalität, der Bezug zu Vorstellungen sozialer Gerechtigkeit und zu schützenden Möglichkeitsräumen konturieren einen Begriffskern von Teilhabe.

Teilhabe beschreibt ein Verhältnis zwischen Individuum und gesellschaftlichen Bedingungen

Teilhabe ist – wie andere sozialwissenschaftliche Begriffe auch (vgl. Kap. 5) – ein *relationaler Begriff,* der auf das Verhältnis zwischen Individuum und gesellschaftlichen Bedingungen zielt.

Teilhabe beschreibt eine positiv bewertete Form der Beteiligung an einem sozialen Geschehen bzw. eine positive Norm gesellschaftlicher Zugehörigkeit (Kastl 2017, S. 236; Bartelheimer und Kädtler 2012, S. 51 ff.).

Teilhabe beleuchtet den *Möglichkeitsraum,* der aus der Interaktion zwischen Individuum und Gesellschaft entsteht, also in der Wechselbeziehung zwischen persönlichen und gesellschaftlichen Faktoren.

Teilhabe nimmt eine subjektorientierte Perspektive ein

Als relationaler Begriff nimmt Teilhabe – im Unterschied zu anderen Begriffen (vgl. Kap. 5) – eher den *Blickwinkel des Individuums* ein. Das heißt: Das Verhältnis zwischen Individuum und gesellschaftlichen Bedingungen wird nicht aus der „Vogelperspektive" des Systems, sondern aus der Perspektive des Individuums erfasst. Gesellschaftliche Bedingungen, Strukturen der Umwelt, sozialstaatliche Leistungen etc. werden danach beurteilt, welche Möglichkeiten sie dem Individuum in seiner Lebensführung eröffnen. Damit ist Teilhabe ein subjektorientiertes Konzept für die Erklärung gesellschaftlicher Zusammenhänge. Aus dieser subjektorientierten Perspektive stellt Teilhabe eine Verbindung zwischen Mikro- und Makroebene her. Eingebettet in wohlfahrtsstaatliche Analysen wird unter dem Begriff Teilhabe diskutiert, inwiefern sozialstaatliche Rahmensetzungen zur Ermöglichung eines individualisierten Lebens beitragen.

Das Teilhabekonzept ist Ausdruck eines normativen Individualismus: Mit der Subjektorientierung greift Teilhabe Prozesse der Individualisierung und Enttraditionalisierung auf und ist vor dem Hintergrund einer historisch-kulturellen Entwicklung von Emanzipation zu verstehen. Anders ausgedrückt: Ohne ein gedachtes Individuum als Regisseur seines Lebens läuft der Teilhabebegriff ins Leere.

Teilhabe zielt auf Möglichkeiten der Lebensführung

Teilhabe beschreibt Möglichkeiten, also einen *Spielraum selbstbestimmter Lebensführung* in einem gesellschaftlich üblichen Rahmen. Teilhabe an der Gesellschaft meint Möglichkeiten der Anerkennung, Einnahme und Ausübung der üblichen sozialen Rollen im Sinne gesellschaftlich eingespielter Praktiken (vgl. Behrendt 2018, S. 50 f.). Teilhabe verträgt kein Passiv. Nicht jede Funktion der Lebensführung verlangt ein hohes Maß an Aktivität, aber Teilhabe setzt stets ein (selbstbestimmt) handelndes Subjekt voraus; sie kann weder durch stellvertretendes Handeln anderer noch durch fremdbestimmt vorgegebenes Handeln erreicht werden.

Mit dem Bezug zur Lebensführung betont Teilhabe, dass Akteure den Strukturbedingungen nicht bloß ausgesetzt sind, sondern ihre Lebensführung aktiv konstruieren (vgl. Voß 1991; Voß und Weihrich 2001; Weihrich und Voß 2002), indem sie Bedürfnisse und Ziele entdecken, formulieren und verfolgen. Das Teilhabekonzept nimmt „das Gesamtarrangement der Handlungspraxis im Alltag der Akteure" (Burzan 2011, S. 117) in den Blick. Es verlangt, das Zusammenspiel zwischen gesellschaftlichen Bedingungen und persönlichen

Merkmalen (wie Dispositionen, Kompetenzen, Einstellungen, Präferenzen) zu analysieren.

Der Teilhabebegriff stellt die Frage danach, inwiefern Menschen nach ihren eigenen Vorstellungen die in der Gesellschaft vorfindbaren und gestaltbaren Optionen nutzen können (und nicht nutzen können) sowie tatsächlich nutzen (und nicht nutzen). Als positive Norm stellt Teilhabe die Leitidee eines sozial eingebundenen Lebens auf der Grundlage eigener individueller Zielvorstellungen in einem gesellschaftlich üblichen Handlungsrahmen dar.

Teilhabe impliziert Wahlmöglichkeiten

Damit wird Teilhabe in die Nähe von Selbstbestimmung gestellt und als selbstbestimmte Teilhabe qualifiziert. Die enge Verbindung von Teilhabe und Selbstbestimmung ist mit Blick auf das Individuum mit der handlungsleitenden Vorstellung von Mündigkeit, Emanzipation und Selbstbestimmungsfähigkeit verknüpft.

Teilhabe setzt also voraus, dass ein Individuum eigene Zielsetzungen in der Lebensführung setzen kann und *Wahlmöglichkeiten* für die Verfolgung und Befriedigung eigener Interessen gewährleistet sind. Ob Teilhabe als Spielraum erfahren wird, hängt wesentlich davon ab, ob sich ein Individuum unter erreichbaren Alternativen für Aktivitäten der Lebensführung entscheiden kann. Für die Bewertung kommt es nicht auf die tatsächliche Durchführung einer Aktivität oder Teilnahme an einer Lebenssituation an, sondern auf deren grundsätzliche Erreichbarkeit. Auch in der Entscheidung für Nicht-Durchführung und Nichtteilnahme kann sich Teilhabe realisieren.

Teilhabe ist mehrdimensional

Teilhabe an der Gesellschaft heißt Teilhabe an verschiedenen gesellschaftlichen Lebensbereichen bzw. Teilhabe in sozialen Bezügen auf verschiedenen Ebenen (Mikro-, Meso- und Makroebene). Es gibt keinen zentralen gesellschaftlichen Ort, an dem über Teilhabe allumfassend entschieden wird, sondern vielfältige, ausdifferenzierte Lebensbereiche mit je unterschiedlichen Teilhabebedingungen und Funktionen für die Lebensführung eines Menschen. Zu jedem Zeitpunkt sind verschiedene Lebensbereiche bedeutsam für individuelle Teilhabe, und eine Vielzahl von Barrieren und Einschränkungen können diese begrenzen. Die Lebensbereiche sind weder additiv miteinander verbunden, noch lassen sie sich gegeneinander aufrechnen.

Die konkrete Dimensionierung von Teilhabe kann nicht endgültig aus dem Teilhabebegriff selbst abgeleitet werden (vgl. Engels 2006, S. 6). Das heißt, aus dem Begriff selbst ergibt sich nicht unmittelbar, welche Lebensbereiche für Teilhabe wichtig sind. Auch das oft verwendete Attribut ‚soziale' Teilhabe trägt nicht zur Klärung bei, denn teils wird es einschränkend in Abgrenzung zu materieller Teilhabe, Bildungs- und Erwerbsteilhabe verwendet, teils soll es die ganze Spanne gesellschaftlicher Lebensbereiche ausdrücken.

Welche Lebensbereiche als teilhaberelevant erachtet werden, hängt vom Forschungs- oder Handlungszusammenhang ab und unterliegt auch historisch-kulturellen Einflüssen. Unverzichtbare (bzw. zu schützende) Teilhabe-optionen (im Sinne eines Katalogs wertvoller Güter der Lebensführung) lassen sich theoretisch nicht eindeutig und ein für alle Mal bestimmen; dies bleibt Gegenstand gesellschaftlicher Verständigung und politischer Entscheidungen.

Zu berücksichtigen ist jeweils, wie Dimensionen untereinander in Verbindung stehen. Teilhabe in bestimmten Funktionssystemen entscheidet zugleich über die Teilhabechancen in anderen Bereichen. Die Anforderungen verschiedener Lebensbereiche können zueinander in Konflikt stehen und müssen von Individuen in ihrer Lebensführung in Einklang gebracht werden.

Möglichkeitsräume der Teilhabe als Währung sozialer Gerechtigkeit

Teilhabe kann auch als Leitidee *sozialer Gerechtigkeit* dienen. Im Zusammen-hang mit Verteilungstheorien von Gerechtigkeit stellt Teilhabe eine *Währung* oder *Metrik* dar, also das wertvolle Gut, auf das sich die Beurteilung gerechter Ver-teilungen bezieht (vgl. Dyckerhoff 2013, S. 25).

Die Vorstellung von *gleichberechtigter Teilhabe* oder von *Teilhabegerechtig-keit* bezieht sich dabei auf den Möglichkeitsraum, auf Optionen der Teilhabe und Chancen zur Realisierung von Teilhabe eines Individuums: Alle sollen die Möglichkeit haben, sich für Optionen der Lebensführung, für Handlungs-praktiken zur Verfolgung von Interessen zu entscheiden. Dabei schwingt die implizite Orientierung an einer gesellschaftlich üblichen Lebensführung mit.

Teilhabenormen sind letztendlich Ergebnis intersubjektiver und gesellschaft-licher Aushandlungen und Auseinandersetzungen. Das Teilhabekonzept fordert keine Gleichheit der Lebensführung (Outcomes) oder Normalisierung der Lebensstile und Handlungspraktiken, sondern eine gerechte Verteilung der Ver-fügungsräume über Wahlmöglichkeiten. In diesen Verfügungsräumen findet die Verschiedenheit von Menschen Anerkennung; unterschiedliche persön-liche Charakteristika, Präferenzen und Lebensentwürfe werden als gleichwertig angesehen.

Teilhabe markiert einen zu schützenden Spielraum der Lebensführung

Teilhabe und Nicht-Teilhabe als einfachen Gegensatz (Dichotomie) zu verstehen, wird der tatsächlichen Differenzierung individueller Lebenssituationen und -chancen nicht gerecht. Teilhabe im Sinne von Verfügungsräumen impliziert unterschiedliche Ausprägungen, die im konkreten Verwendungszusammenhang einer genaueren Bestimmung und Vermessung bedürfen.

Wird Teilhabe mit sozialer Gerechtigkeit in Verbindung gebracht, stellt sich die Frage nach gerechtigkeitstheoretisch fundierten Verteilungsregeln (vgl. Dyckerhoff 2013, S. 25). Wie ist eine Schwelle von Teilhabe zu bestimmen, die durch einen gerechten Staat mindestens hergestellt werden muss? Wie bestimmt sich die Grenze „zwischen erwünschter Vielfalt von Lebensweisen und inakzeptablen Gefährdungen von Teilhabe, die gesellschaftlichen Eingriff erfordern" (Bartelheimer 2007, S. 8)?

Die Verwendung des Teilhabebegriffs im politischen Zusammenhang setzt im Sinne einer „Suffizienzregel" (vgl. Dyckerhoff 2013, S. 25) wenigstens implizit der Ungleichheit nach unten Grenzen. Der Teilhabebegriff bezeichnet einen zu schützenden Spielraum der Lebensführung: Für alle Menschen sollen Möglichkeitsräume der Teilhabe bis zu einer Stufe der Suffizienz gewährleistet werden.

Der Teilhabebegriff ist insbesondere für das Unterlaufen einer solchen Schwelle sensibel. Er markiert die Verletzung der Ungleichheitsgrenze nach unten deutlicher als graduelle Abstufungen oberhalb der kritischen Schwelle. Das heißt, zur Beschreibung von Ungleichheiten zwischen Positionen innerhalb des Verfügungsraums ist der Begriff weniger geeignet. Teilhabe dient also eher als Maßstab, um Benachteiligung und Ausschluss kenntlich zu machen.

Neben dem Mindestmaß an Teilhabe, das soziale Ausgrenzung vermeidet, ist politisch noch eine weitere Schwelle von Bedeutung: die volle und wirksame Teilhabe als gleichstellungspolitisches Ziel. Beide Schwellen können nur über Prozesse der gesellschaftlichen Verständigung und politischen Entscheidungsfindung normativ gesetzt werden. Zwischen ihnen verlaufen zahlreiche Abstufungen gefährdeter oder gesicherter, mehr oder weniger gelingender Teilhabe. Ein Teilhabekonzept, das Forschung anleitet, muss solche Abstufungen von Teilhabe sowie Verbesserungen und Verschlechterungen individueller Teilhabepositionen unterscheiden können.

Oberhalb eines Niveaus voller und wirksamer Teilhabe beginnen exklusive Wohlfahrtspositionen, die nicht mehr sinnvoll durch Teilhabeziele legitimiert sind.

An welchen Normen Teilhabe gemessen wird und welches Maß an Ungleichheit als ungerecht gilt, ist zu jedem Zeitpunkt Gegenstand gesellschaftlicher Aushandlung und Auseinandersetzung. Teilhabeforschung verbessert die Informationsbasis für diese Prozesse, setzt aber nicht selbst Verteilungsnormen.

Literatur

Bartelheimer, P. (2007). Politik der Teilhabe – ein soziologischer Beipackzettel. FES Working Paper. Hrsg. v. Friedrich Ebert Stiftung. http://library.fes.de/pdf-files/do/04655.pdf. Zugegriffen: 21. Apr. 2020.

Bartelheimer, P., & Kädtler, J. (2012). Produktion und Teilhabe – Konzepte und Profil sozioökonomischer Berichterstattung. In Berichterstattung zur sozioökonomischen Entwicklung in Deutschland (Hrsg.), *Teilhabe im Umbruch. Zweiter Bericht* (S. 41–85). Wiesbaden: VS Verlag für Sozialwissenschaften.

Behrendt, H. (2018). Teilhabegerechtigkeit und das Ideal einer inklusiven Gesellschaft. *Zeitschrift für Praktische Philosophie, 5*(1), 43–72. https://doi.org/10.22613/zfpp/5.1.2.

Burzan, N. (2011). *Soziale Ungleichheit. Eine Einführung in die zentralen Theorien* (4. Aufl.). Wiesbaden: VS Verlag für Sozialwissenschaften.

Dyckerhoff, V., (2013). Behinderung und Gerechtigkeit. Demokratische Gleichheit für die gerechtigkeitstheoretische Inklusion von Menschen mit Schädigungen auf der Basis eines interaktionistischen Modells von Behinderung. Working Paper Nummer 2. Hrsg. v. G. Göhler, B. Ladwig, & K. Roth. Freie Universität Berlin. http://www.polsoz.fu-berlin.de/polwiss/forschung/ab_ideengeschichte/mitarbeiter_innen/roth/Working_Papers/Dyckerhoff_Working_Paper.pdf. Zugegriffen: 21. Apr. 2020.

Engels, D. (2006). Lebenslagen und Exklusion. Thesen zur Reformulierung des Lebenslagenkonzepts für die Sozialberichterstattung. *Sozialer Fortschritt, 55,* 109–117.

Kastl, J. M. (2017). *Einführung in die Soziologie der Behinderung* (2. Aufl.). Wiesbaden: VS.

Voß, G.-G. (1991). *Lebensführung als Arbeit. Über die Autonomie der Person im Alltag der Gesellschaft.* Stuttgart: Enke.

Voß, G.-G., & Weihrich, M. (Hrsg.) (2001). *tagaus – tagein. Neue Beiträge zur Soziologie alltäglicher Lebensführung.* (Arbeit und Leben im Wandel. Schriftenreihe zur subjektorientierten Soziologie der Arbeit und der Arbeitsgesellschaft, Bd. 1). München: Hampp.

Weihrich, M., & Voß, G.-G. (Hrsg.) (2002). *tag für tag. Alltag als Problem – Lebensführung als Lösung?* (Neue Beiträge zur Soziologie Alltäglicher Lebensführung 2). München: Hampp.

Verhältnis zu verwandten Begriffen 5

In den Sozialwissenschaften und in politischen Diskursen sprechen Partizipation, Inklusion und Integration ebenfalls die gesellschaftliche Zugehörigkeit und die soziale Stellung von Individuen und Gruppen in der Gesellschaft an. In diesem Kapitel wird daher diskutiert, in welchem Verhältnis der Teilhabebegriff zu diesen Begriffen steht.

In wissenschaftlichen und politischen Zusammenhängen bezeichnen verschiedene Begriffe die gesellschaftliche Zugehörigkeit und die soziale Stellung von Individuen und Gruppen in der Gesellschaft. Da Partizipation, Inklusion und Integration ebenfalls Aspekte der Wechselbeziehung zwischen Individuen und gesellschaftlichen Bedingungen ansprechen, soll im Folgenden geklärt werden, wie sich diese Begriffe zu Teilhabe verhalten.

Dass Begriffe gleichzeitig sozialpolitische Ziele, Rechtsansprüche und Ziele professioneller Intervention bezeichnen, ist dabei ebenso zu berücksichtigen wie Besonderheiten der Begriffsverwendung und Bedeutungsunterschiede im deutschen und englischen Sprachraum.

5.1 Partizipation

Ganz grundsätzlich bezieht sich der Begriff Partizipation auf eine „multidimensionale Form der (gesellschaftlichen bzw. politischen) Einflussnahme" (Richter 2018, S. 531) und setzt ebenso wie der Teilhabebegriff im positiven Sinne eine demokratisch verfasste Gesellschaft voraus. „Als grundlegendes und nicht austauschbares Merkmal demokratischer Gesellschafts-, Staats- und Herrschaftsformen" ist Partizipation „Ausdruck des Grundrechts auf persönliche

Freiheit, Selbstbestimmung und freie Entfaltung der Persönlichkeit" (Schnurr 2018, S. 633). Partizipation beinhaltet die Umsetzung von Bürgerrechten und die Einbindung der Bürgerinnen und Bürger in Bürgerpflichten. Bezogen auf politische Prozesse ist sie als Mittel zur Inanspruchnahme politischer Mandate und zur Umsetzung von (gesellschaftlichen) Interessen zu verstehen. Unter einer normativ geprägten Perspektive ist Partizipation darüber hinaus nicht nur als Mittel zur Umsetzung von Interessen zu verstehen, sondern ist Ziel und Wert zugleich und sichert die individuelle Selbstverwirklichung im Prozess des demokratischen Handelns (vgl. dazu ausführlicher Nieß 2016, S. 73; Stark 2019, S. 11 ff.). Im ersteren Fall steht die Mitwirkung an parlamentarisch verfassten Entscheidungsfindungsprozessen im Mittelpunkt sowie deren Erhalt, im zweiten Fall die grundsätzliche Beteiligung an möglichst vielen Gesellschaftsbereichen. Jedes Individuum hat nach diesem Verständnis – zumindest theoretisch – seinen notwendigen Platz im gesellschaftlichen Zusammenleben und sichert damit wiederum eine freiheitlich-demokratische Gesellschaftsstruktur (Linden 2016, S. 173 ff.). In diesem Sinne bildet Partizipation den Kern demokratischer Gesellschaften und demokratischen Handelns und kann als die zentrale Voraussetzung für die Selbstentfaltung eines Menschen in sozialen Zusammenhängen betrachtet werden. In ihr kommt das Grundrecht auf persönliche Freiheit zum Ausdruck, aber auch Selbstbestimmung und freie Entfaltung der Persönlichkeit (Schnurr 2018, S. 633).

Wie beim Teilhabebegriff auch steht das Subjekt im Fokus, und zwar sowohl auf der Makro- als auch der Mesoebene gesellschaftlicher Zusammenhänge. Gegenüber dem Teilhabebegriff zielt Partizipation darauf ab, den Möglichkeitsraum in Bezug auf Teilhabechancen im Einzelfall oder bezogen auf Personengruppen aktiv zu verbessern bzw. an der Gestaltung des Möglichkeitsraums mitzuwirken (z. B. über politische Willensbildungs- und Entscheidungsprozesse, partizipative Arbeitsstrukturen bei der Planung von Gebäuden usw.).

Während der Teilhabebegriff also „die Vergabe von Rechten und die Gewährung von Leistungen" (Beck 2013, S. 5; Beck et al. 2018) bezeichnet, impliziert der Partizipationsbegriff die Annahme, dass gesellschaftliche und soziale Gegebenheiten durch das Individuum selbst formbar und gestaltbar sind und „Partizipation als aussichtsreiche und realisierbare Möglichkeit erkannt wird" (Scheu und Autrata 2013, S. 267).

Der gesamte Ablauf der Herstellung einzelner Entscheidungsschritte bis hin zu ihrer Umsetzung ist dabei relevant für eine gelungene Partizipation, was wiederum impliziert, dass auch mitentschieden werden kann, welche Themen es überhaupt zu entscheiden gibt, wie und unter welchen Umständen sie entschieden werden und welche Konsequenzen sich daraus ergeben (Messmer 2018, S. 113).

Hier ergeben sich Schnittstellen zu anderen Diskursen, z. B. dem Fachkonzept der Sozialraumorientierung, bei dem die Orientierung an den Interessen und dem Willen der zu beteiligenden Personen bei allen Planungs- und Entscheidungsprozessen im Fokus steht (Früchtel et al. 2013, S. 21).

In der Literatur zum Lebenslagenkonzept (siehe Kap. 3) wird dieser partizipative Aspekt mit dem „Dispositionsspielraum" angesprochen (Nahnsen 1975, S. 150 ff.), in Sens (2002, S. 29) Konzept von Befähigung als „Verfahrensaspekt von Freiheit"; etwa könne der Einsatz „partizipatorischer Verwirklichungschancen" die öffentliche Gewährleistung der Chancenausstattung beeinflussen.

Im Prozess der partizipativen Einbindung Einzelner bzw. Personengruppen entwickeln sich damit sowohl Subjektivität als auch Sozialität zugleich (Schnurr 2018, S. 633), denn eigene Möglichkeitsräume und die diese Möglichkeitsräume rahmenden Voraussetzungen müssen erkannt bzw. auch genutzt werden können. Schon über diesen Erkenntnisprozess verändert sich wiederum der Möglichkeitsraum, auf den handelnd Einfluss genommen wird. Scheu und Autrata (2013, S. 266) nennen diesen Prozess Horizonterweiterung.

Partizipation kann in diesem Sinne als der Aspekt von Teilhabe gesehen werden, der sich auf die Bewusstseinsbildung, die Motivation und die Handlungsbereitschaft bezieht, sich beteiligen zu wollen, und auf die Voraussetzungen, dies auch zu können.

Damit werden gegenüber dem Teilhabebegriff nicht nur Beteiligungsprozesse auf organisationaler oder politischer Ebene thematisiert, sondern auch die zwischenmenschliche Interaktion. Denn Entscheidungen über Partizipationsmöglichkeiten werden auch im zwischenmenschlichen Kontakt getroffen bzw. realisiert (vgl. Hitzler 2011; Dobslaw und Pfab 2015).

Der Begriff Partizipation thematisiert in diesem Zusammenhang aber auch einen inhärenten Machtaspekt, der über das Verhältnis der beteiligten Akteure zueinander und deren jeweilige Entscheidungsmacht an Bedeutung gewinnen und auch zum Ausdruck kommen kann, und zwar spätestens dann, wenn über die Neuausrichtung bestehender Prozesse auf bisherige und alleinige Macht- und Entscheidungsbefugnisse verzichtet werden muss (Dettmann 2017, S. 51).

Die Unterscheidung zwischen den Begriffen Teilhabe und Partizipation besteht nur im deutschen Sprachraum. Im internationalen Diskurs wird dieser Aspekt der umfassenden Beteiligung unter den Begriff *participation* subsumiert. Aber auch hier zeigen sich unterschiedliche Bedeutungen, beispielsweise in der ICF (vgl. WHO 2001; DIMDI 2005), bei der in der deutschen Übersetzung *participation* mit *Teilhabe* übersetzt wurde, und der UN-BRK, die in Art. 3 von der „volle[n] und wirksame[n] Teilhabe an der Gesellschaft" (englisch: „full and effective participation") spricht. Im Verständnis der UN-BRK verweist *participation* auf die Herstellung gleicher Zugangschancen unter dem Aspekt der sozialen Ungleichheit sowie auf die Selbstbefähigung, sich für die eigenen Interessen einzusetzen. Diesem sehr umfassenden Verständnis von Partizipation steht der recht ausdifferenzierte Begriff von Partizipation der ICF gegenüber (siehe Kap. 3.1), der jedoch im Vergleich zur UN-BRK dadurch auch enger gefasst ist (Nieß 2016, S. 97 f.).

Auch wenn sich für den deutschsprachigen Raum eine begriffliche Unterscheidung zwischen Teilhabe und Partizipation etabliert hat, zeigen sich im Teilhabeforschungsdiskurs mit dem Fokus auf Behinderung Unklarheiten bei der Begriffsverwendung. In einigen Verwendungszusammenhängen wird Partizipation mit „Teilhabe" gleichgesetzt oder synonym verwendet (vgl. Kastl 2017, S. 236), in anderen Zusammenhängen hat Partizipation eine eigenständige Bedeutung (vgl. Straßburger und Rieger 2014). In anderen Diskursen, wie z. B. in der Kinder- und Jugendhilfe, ist der Begriff Partizipation für Beteiligungsprozesse etabliert.

Für die Teilhabeforschung bietet die begriffliche Unterscheidung dennoch Potenziale, weil es insbesondere zu dem unter dem Begriff Partizipation gefassten Bedeutungszusammenhang zwar eine Reihe praxisorientierter Konzepte gibt (vgl. u. a. Straßburger und Rieger 2014), diese aber bisher wenig erforscht wurden (siehe Kap. 6).

5.2 Inklusion

Während Teilhabe die Möglichkeiten der Lebensführung thematisiert, zielt *Inklusion* auf den Aufbau von *Strukturen,* die allen Individuen bzw. Mitgliedern unterschiedlicher gesellschaftlicher Teilgruppen Einbeziehung in verschiedene Teilsystemen der Gesellschaft ermöglichen, bzw. auf den Abbau von Strukturen, welche diesem entgegenstehen. Inklusion lässt sich dabei sowohl als Zielstellung als auch prozessorientiert beschreiben.

In der Bestimmung des *Verhältnisses zwischen Individuum und gesellschaftlichen Bedingungen* ist der Begriff Inklusion auf der Seite der Strukturen verortet und bezeichnet den Aspekt der strukturellen Einbeziehung von Individuen in gesellschaftliche Zusammenhänge von System, Teilsystem, Organisation, Gruppe oder Institution (vgl. Kastl 2017, S. 228).

Im Gegensatz zum Teilhabebegriff, der eine subjektorientierte Perspektive einnimmt, thematisiert Inklusion aus einem *strukturellen Blickwinkel* die Einbeziehung von Individuen durch Strukturen, also die Gewährung „verlässliche[r] und reziproke[r] erwartbare[r] Vorkehrungen und Dispositionen" (ebd.) gegen-

über allen Gesellschaftsmitgliedern unter Beachtung von deren Heterogenität und Diversität in Bedürfnissen und Belangen. Dabei wird ein sogenanntes
enges, allein auf die Perspektive Behinderung bezogenes Verständnis von einem
sogenannten breiten Inklusionsbegriff unterschieden, der über Behinderung
hinaus sich auf unterschiedliche Differenzlinien und deren Konstruktionen
bezieht, so z. B. Geschlecht, sexuelle Orientierung, Herkunft und Sprache (vgl.
Lindmeier und Lütje-Klose 2015).

Für die Umsetzung von Inklusion wird daher analysiert, wie Rechtnormen,
Ressourcen und Rollenoptionen der Individuen seitens sozialer Handlungs-
formate (vgl. Kastl 2017) strukturelle Einbeziehung ermöglichen oder verhindern.
Mit der Begrifflichkeit Inklusion wird daran anschließend auf handlungs-
praktischer Ebene nach einer Transformation und dem Umbau von System-
strukturen und -praktiken gefragt, welche allen Gesellschaftsmitgliedern eine
strukturelle Einbeziehung in soziale Zusammenhänge ermöglichen soll. Ein
zentraler Stellenwert wird dabei der möglichst barrierefreien Gestaltung von
Infrastrukturen, Institutionen und Programmen zugewiesen. „Inklusiv" ist
dann ein Attribut von Einrichtungen, Quartieren oder Institutionen („inklusives
Gemeinwesen", „inklusive Schule").

Die Verbreitung des Begriffs Inklusion ist im deutschen Sprachraum vor-
rangig auf die Diskussion um die Umsetzung der UN-BRK zurückzuführen.
Durch diese menschenrechtsbezogene Debatte erhält der Inklusionsbegriff im
sozialpolitischen und pädagogischen Bereich einen „deutlich normativen, das
heißt wertebasierten und richtungsweisenden Charakter" (Wansing 2015, S. 43).
Im englischsprachigen Original der UN-BRK bilden Teilhabe und Inklusion
ein Begriffspaar: „full and effective participation and inclusion in society".
In der offiziellen deutschen Übersetzung heißt es „Einbeziehung in die Gesellschaft", und in den Artikeln 24 (Recht auf Bildung) und 27 (Recht auf Arbeit)
wird „inclusive" mit „integrativ" übersetzt. Wansing (2015, S. 45) fordert, den
deutschen Sprachgebrauch enger an die englische Terminologie anzulehnen (zum
Verhältnis der Begriffe zueinander vgl. Georgi 2015).

Inklusion impliziert die *Gewährung gesellschaftlichen Einbezugs* in die verschiedenen wichtigen gesellschaftlichen Teilbereiche durch Systeme, Teilsysteme, Organisationen, Gruppen oder Institution. In der Argumentation
wird dabei stark auf eine menschenrechtliche Perspektive abgehoben, welche
gesellschaftliche Akteure im Sinne der internationalen Vereinbarung auf die
Umsetzung des Leitprinzips Inklusion verpflichtet.

Inklusion steht für das Ziel, Gesellschaft so zu gestalten, dass sie den Ausschluss von Gesellschaftsmitgliedern erst gar nicht zulässt, womit eine spätere
zu erbringende Integrationsleistung entfällt. Damit werden gesellschaftliche ver-

einheitlichende Vorstellungen von Standard und Normalität hinterfragt. Inklusion wird in einer diskriminierungskritischen Lesart mit dem Begriff Diversität verbunden, welcher die gesellschaftliche und soziale Vielfalt der Lebensweisen in Bezug auf soziale Gruppenidentitäten anerkennt und wertschätzt (Scherr 2017).

Im deutschen Sprachgebrauch sind Inklusion und Exklusion systemtheoretisch anders assoziiert als ungleichheitstheoretisch (Kronauer 2010, S. 122 ff.). Nach der ersten Lesart, die der Logik der funktionalen Differenzierung folgt, gilt es als Bedingung für Individualität, dass Personen immer nur partiell, als Träger bestimmter Rollen und nach jeweils besonderen Regeln der Kommunikation in gesellschaftliche Teilsysteme eingebunden sind. Die Teilsysteme weisen Personen einen „rollenspezifischen" Handlungsraum zu und grenzen diesen gleichzeitig ein (Nassehi 2000, S. 19).

In der zweiten, ungleichheitstheoretischen Bedeutung können Personen von zentralen gesellschaftlichen Funktionssystemen ausgeschlossen sein. In diesem Sinne definiert die Europäische Union soziale Ausgrenzung (social exclusion) als den Prozess, durch den Personen, etwa wegen Armut oder infolge von Diskriminierung, „an der vollwertigen Teilhabe gehindert", d. h. „von der Teilnahme an Aktivitäten (wirtschaftlicher, sozialer und kultureller Art) ausgeschlossen (werden), die für andere Menschen die Norm sind" (Europäische Kommission 2004, S. 12).

5.3 Integration

Während Teilhabe nur vom Individuum gedacht werden kann, gibt es zwei mögliche Perspektiven auf Integration. Die Begriffsverwendung kann sowohl von der Gesellschaft als auch von der einzelnen Person ausgehen (Soeffner und Zifonun 2005, S. 404). Systemintegration bezeichnet den Zusammenhalt sozialer Einheiten, die Sozialintegration die Beziehungen und Handlungen von Personen in ihrem sozialen Umfeld (Habermas 1981, S. 223 ff.; Esser 2000, S. 261 ff.; vgl. Kastl 2017, S. 233 ff.).

Integration im Sinne von Zusammenhalt (Systemintegration) ist eine Eigenschaft sozialer Kollektive; die Begriffsverwendung steht damit nicht alternativ zu Teilhabe, sondern zu Inklusion. „Ein soziales System ist dann (gut) integriert, wenn seine Teile koordiniert sind, in strukturierter Weise zusammenwirken und einen hohen Grad an Vernetzung aufweisen." (Esser 2000, S. 269) Wertbezogene und vertragstheoretische Ansätze erklären dies über soziale Bindekräfte, die „Substanz von Gemeinschaftlichkeit" (Hüpping und Heitmeyer 2015, S. 127). Sozialpsychologische Diskurse beziehen sich auf Gruppenprozesse, etwa auf die Unterscheidung von Eigen- und Fremdgruppe (Schütz 1972; vgl. auch Mummendey et al. 2009). Integriert ist eine Person, wenn sie „mitmachen" darf und als Mitglied in die Gemeinschaft aufgenommen wurde. Wesentlich hier ist die Frage der Attraktivität der Gruppen für den Einzelnen (will und kann ich mich vernetzen und mitmachen, werden meine Werte und Normen repräsentiert), der internen Regelwerke (kann und will ich die einhalten) oder auch der Distanz zu anderen Gruppen (was gewinne oder verliere ich, wenn ich nicht dazugehöre) bzw. die Frage, welche Ausschlusskriterien es für Gruppenmitgliedschaften gibt.

Muster der Sozialintegration, also der Stellung des Individuums zu Gruppen oder Funktionssystemen, unterscheiden sich danach, wie weit sie auf Zwangs- mechanismen beruhen oder als Aushandlungsprozess mit Freiräumen ausgestaltet werden (Soeffner und Zifonun 2005, S. 405). Solche Lesarten der Integration, die „Anpassungs- und Ausgleichsaufträge" an Menschen formulieren und sozialstaatliche Unterstützung nach Fürsorgelogik von solchen Anpassungs- leistungen abhängig machen, stehen in verschiedenen sozialpolitischen Hand- lungsfeldern in Gegensatz zum Teilhabekonzept, das normativ vom Individuum als Träger garantierter sozialer Grundrechte ausgeht (vgl. BMAS 2016b, S. 29). Dies gilt etwa für das aktivierende Verständnis von Beschäftigungsfähigkeit, das Arbeitsmarktintegration durch Konzessionen Arbeitsuchender an bestehende Beschäftigungssysteme erreichen will. In der Migrationspolitik kann Integration als einseitige Angleichung Zugewanderter an Strukturen der Aufnahmegesell- schaft (Assimilation) oder als Ergebnis einer Wechselbeziehung (Interaktion) zwischen Individuen/Gruppen und Gesellschaft aufgefasst werden.

So stehen Inklusion und Teilhabe in vielen Handlungsfeldern gegen eine Les- art von Integration, die den Begriff auf den Prozess der individuellen Anpassung und Eingliederung reduziert. Dieses Verständnis wird der Semantik und Geschichte des Begriffs jedoch eigentlich nicht gerecht.[1]

---

[1]Im Bildungsbereich und in der Behindertenpädagogik bezeichnete Integration spätestens seit den 1970er Jahren auch das sozialpolitische Ziel der gemeinschaftlichen Beschulung von behinderten und nicht behinderten Kindern im Sinne eines Grundrechts (Deutscher Bildungsrat 1973) sowie das Ziel der Schaffung gleicher Zutritts- und Teilhabechancen für Menschen mit Behinderungen (Cloerkes 2007, S. 212). Heute steht der Begriff der Inklusion besonders im deutschen Sprachgebrauch in engem Zusammenhang mit der Forderung nach der Einbindung aller Kinder in das Bildungssystem (Hinz 2002) und nach einer „Schule für alle", wie sie 1994 in der „Salamanca-Erklärung" formuliert wurde (UNESCO 1994): Strukturen und Praktiken des Bildungssystems haben sich an Bedürf- nisse, Interessen und Fähigkeiten der Kinder und Jugendlichen anzupassen. Integration wird in diesem Sinne als zu überwindender Ansatz betrachtet, welcher bislang erwartete,

Literatur

Beck, I. (2013). Partizipation – Aspekte der Begründung und Umsetzung im Feld von Behinderung. *Teilhabe, 52,* 4–11.

Beck, I., Nieß, M., & Siller, K. (2018). Partizipation als Lebenschancen. In G. Dobslaw (Hrsg.), *Partizipation – Teilhabe – Mitgestaltung: Interdisziplinäre Zugänge.* Budrich: Opladen.

BMAS – Bundesministerium für Arbeit und Soziales. (2016b). Zweiter Teilhabebericht der Bundesregierung über die Lebenslagen von Menschen mit Beeinträchtigungen. Teilhabe – Beeinträchtigung – Behinderung. http://www.bmas.de/SharedDocs/Downloads/DE/PDF-Publikationen/a125-16-teilhabebericht.pdf. Zugegriffen: 21. Apr. 2020.

Cloerkes, G. (2007). *Soziologie der Behinderten: Eine Einführung* (3. Aufl.). Heidelberg: Universitätsverlag Winter.

Dettmann, M.-A. (2017). Partizipation und Ressourcenorientierung in der Sozialen Arbeit. Eine Analyse zur Begriffssicherheit und theoretischen Fundierung. Dissertation, Universität Hamburg. https://ediss.sub.uni-hamburg.de/volltexte/2017/8290/pdf/Dissertation.pdf. Zugegriffen: 21. Apr. 2020.

Deutscher Bildungsrat. (1973). Zur pädagogischen Förderung behinderter und von Behinderung bedrohter Kinder und Jugendlicher. Verabschiedet auf der 34. Sitzung der Bildungskommission am 12./13. Oktober 1973 in Bonn. Bonn.

DIMDI – Deutsches Institut für Medizinische Dokumentation und Information. (2005). Internationale Klassifikation der Funktionsfähigkeit, Behinderung und Gesundheit (ICF). https://www.dimdi.de/dynamic/de/klassifikationen/icf/. Zugegriffen: 21. Apr. 2020.

Dobslaw, G., & Pfab, W. (2015). Kommunikative Strategien in Teilhabegesprächen. *Teilhabe, 54,* 114–119.

Esser, H. (2000). *Soziologie. Spezielle Grundlagen* (Bd. 2)., Die Konstruktion der Gesellschaft Frankfurt a. M.: Campus.

Europäische Kommission. (2004). Gemeinsamer Bericht über die soziale Eingliederung. https://ec.europa.eu/employment_social/soc-prot/soc-incl/final_joint_inclusion_report_2003_de.pdf. Zugegriffen: 21. Apr. 2020.

Früchtel, F., Cyprian, G., & Budde, W. (2013). *Sozialer Raum und Soziale Arbeit* (3. Aufl.). Wiesbaden: Springer VS.

Georgi, V. B. (2015). Integration, Diversity, Inklusion. Anmerkungen zur aktuellen Debatte in der Migrationsgesellschaft. *DIE Zeitschrift für Erwachsenenbildung, 2,* 25–27. (http://www.die-bonn.de/id/31360. Zugegriffen: 21. Apr. 2020).

Habermas, J. (1981). *Theorie des kommunikativen Handelns* (Bd. 2). Frankfurt a. M.: Suhrkamp.

dass sich Kinder und Jugendliche, insbesondere solche mit sonderpädagogischem Förderbedarf, den Umständen im Bildungssystem anzupassen hätten (vgl. Heimlich 2011).

Heimlich, U. (2011). Inklusion und Sonderpädagogik – Die Bedeutung der Behindertenrechtskonvention (BRK) für die Modernisierung sonderpädagogischer Förderung. *Zeitschrift für Heilpädagogik, 62*(2), 44–54.

Hinz, A. (2002). Von der Integration zur Inklusion – terminologisches Spiel oder konzeptionelle Weiterentwicklung? *Zeitschrift für Heilpädagogik, 53*(9), 354–361.

Hitzler, S. (2011). Fashioning a proper institutional position: Professional identity work in the triadic structure of the care planning conference. *Qualitative Social Work, 10*(3), 293–310.

Hüpping, S., & Heitmeyer, W. (2015). Integration/Solidarität. In S. Farzin & S. Jordan (Hrsg.), *Lexikon Soziologie und Sozialtheorie. Hundert Grundbegriffe* (S. 126–128). Ditzingen: Reclam.

Kastl, J. M. (2017). *Einführung in die Soziologie der Behinderung* (2. Aufl.). Wiesbaden: Springer VS.

Kronauer, M. (2010). *Exklusion. Die Gefährdung des Sozialen im hoch entwickelten Kapitalismus.* Frankfurt a. M.: Campus.

Linden, M. (2016). Beziehungsgleichheit als Anspruch und Problem politischer Partizipation. *Zeitschrift für Politikwissenschaft, 26,* 173–195.

Lindmeier, C., & Lütje-Klose, B. (2015). Inklusion als Querschnittsaufgabe in der Erziehungswissenschaft. *Erziehungswissenschaft, 26*(51), 7–16.

Messmer, H. (2018). Barrieren von Partizipation: Der Beitrag empirischer Forschung für ein realistisches Partizipationsverständnis in der Sozialen Arbeit. In G. Dobslaw (Hrsg.), *Partizipation – Teilhabe – Mitgestaltung: Interdisziplinäre Zugänge* (S. 109–128). Opladen: Budrich UniPress.

Mummendey, A., Kessler, T., & Otten, S. (2009). Sozialpsychologische Determinanten – Gruppenzugehörigkeit und soziale Kategorisierung. In A. Beelmann & K. J. Jonas (Hrsg.), *Diskriminierung und Toleranz. Psychologische Grundlagen und Anwendungsperspektiven* (S. 43–60). Wiesbaden: VS.

Nahnsen, I. (1975). Bemerkungen zum Begriff und zur Geschichte des Arbeitsschutzes. In M. Osterland (Hrsg.), *Arbeitssituation, Lebenslage und Konfliktpotential* (S. 145–166). Frankfurt a. M.: Europäische Verlagsanstalt.

Nassehi, A. (2000). Exklusion als soziologischer oder sozialpolitischer Begriff. *Mittelweg 36, 15*(5), 18–25.

Nieß, M. (2016). *Partizipation aus Subjektperspektive. Zur Bedeutung von Interessenvertretung für Menschen mit Lernschwierigkeiten.* Wiesbaden: Springer VS.

Richter, E. (2018). Partizipation. In R. Voigt (Hrsg.), *Handbuch Staat* (S. 531–539). Wiesbaden: Springer VS.

Scherr, A. (2017). Soziologische Diskriminierungsforschung. In A. Scherr, A. El-Mafaalani, & G. Yüksel (Hrsg.), *Handbuch Diskriminierung* (S. 1–21). Wiesbaden: Springer VS.

Scheu, B., & Autrata, O. (2013). *Partizipation und Soziale Arbeit. Einflussnahme auf das subjektiv Ganze.* Wiesbaden: Springer VS.

Schnurr, S. (2018). Partizipation. In G. Graßhoff, A. Renker, & W. Schröer (Hrsg.), *Soziale Arbeit* (S. 631–648). Wiesbaden: Springer VS.

Schütz, A. (1972). Der Fremde. In A. Schütz (Hrsg.), *Gesammelte Aufsätze II: Studien zur soziologischen Theorie* (S. 53–69). Den Haag: Martinus Nijhoff.

Sen, A. (2002). *Ökonomie für den Menschen. Wege zu Gerechtigkeit und Solidarität in der Marktwirtschaft.* München: DTV.

Soeffner, H.-G., & Zifonun, D. (2005). Integration – eine wissenssoziologische Skizze. In W. Heitmeyer & P. Imbusch (Hrsg.), *Integrationspotenziale einer modernen Gesellschaft* (S. 391–407). Wiesbaden: VS Verlag für Sozialwissenschaften.

Stark, T. (2019). *Demokratie und politische Partizipation. Eine theoretische Verortung.* Wiesbaden: Springer VS.

Straßburger, G., & Rieger, J. (Hrsg.). (2014). *Partizipation kompakt. Für Studium, Lehre und Praxis sozialer Berufe.* Weinheim: Beltz Juventa.

UNESCO – Organisation der Vereinten Nationen für Bildung, Wissenschaft, Kultur und Kommunikation. (1994). Die Salamanca Erklärung und der Aktionsrahmen zur Pädagogik für besondere Bedürfnisse. Angenommen von der Weltkonferenz „Pädagogik für besondere Bedürfnisse: Zugang und Qualität" Salamanca, Spanien, 7.–10. Juni 1994. https://www.unesco.de/sites/default/files/2018-03/1994_salamanca-erklaerung.pdf. Zugegriffen: 21. Apr. 2020.

Wansing, G. (2015). Was bedeutet Inklusion. Annäherung an einen vielschichtigen Begriff. In T. Degener & E. Diehl (Hrsg.), *Handbuch Behindertenrechtskonvention. Teilhabe als Menschenrecht – Inklusion als gesellschaftliche Aufgabe* (S. 43–54). Bonn: Bundeszentrale für politische Bildung.

WHO – World Health Organization. (2001). *International Classification of Functioning, Disability and Health.* Geneva: WHO.

Teilhabe als Forschungsperspektive

6

Teilhabeforschung umfasst grundlagentheoretische Arbeiten am Teilhabe-begriff ebenso wie anwendungsorientierte Untersuchungen zu förderlichen Bedingungen und Barrieren der Teilhabe. Dabei nutzt Teilhabeforschung Methoden und Instrumente, welche die Herstellungsprozesse von Teilhabe und individuelle Teilhabeentwicklungen erfassen. Besonderes Augenmerk erhalten partizipative Forschungsmethoden, die Menschen mit Teilhabeein-schränkungen über alle Phasen des Forschungsprozesses hinweg beteiligen.

Teilhabeforschung ist ein Forschungsfeld, das unterschiedliche disziplinäre Zugangswege erfordert. Sie widmet sich ihrem Gegenstand mit der gebotenen thematischen Vielfalt und methodischen Breite.

Entsprechend ihrer multidisziplinären Ausrichtung sind Themen der Teilhabe-forschung in unterschiedliche Gegenstandsbereiche der beteiligten Disziplinen eingebettet. Daher entwickelt sie jeweils unterschiedlich geprägte gegenstands-bezogene Theorien und Untersuchungsansätze.

Unabhängig davon lassen sich als Ergebnis der hier vorgeschlagenen Begriffs-bestimmung (vgl. Kap. 4) gemeinsame Ansprüche an Teilhabeforschung formulieren.

6.1 Grundlagenforschung: Begriffsklärung und Aufklärung über Bedingungen von Teilhabe

Da Teilhabeforschung um die Klärung und Weiterentwicklung der theoretischen Grundlagen des Teilhabebegriffs und die Entwicklung und die Förderung einer inter- bzw. transdisziplinären Perspektive auf Teilhabe bemüht ist, sind grund-lagentheoretische Forschungsarbeiten zu ihrer Fundierung notwendig.

Darüber hinaus ermittelt Teilhabeforschung Einflussfaktoren für das Gelingen und die Behinderung von Teilhabe auf der Mikroebene (Individuum), der Mesoebene (Institutionen/Organisationen) und der Makroebene (gesamtgesellschaftlicher Zusammenhang).

Teilhabeforschung ermittelt und beschreibt – in Bezug auf ihren jeweiligen Gegenstandsbereich – relevante Dimensionen und Konstellationen von Lebenslagen als Möglichkeitsräume für die Realisierung von Teilhabe. Dabei werden – im Sinne von Befähigung – die Bedingungen für eine Umwandlung von Teilhabechancen in lebensweltliche Teilhabeprozesse gesondert berücksichtigt und Merkmale der tatsächlichen Lebensführung abgebildet. In diesem Sinne dient Teilhabeforschung auch der Wohlfahrtsmessung. Für die Dimensionierung von Lebenslagen kann – etwa für die Aufgabe der Sozialberichterstattung – auf rechtliche Unterscheidungen Bezug genommen werden. Gleichzeitig ist es eine Aufgabe von Teilhabeforschung, entsprechende Modelle zu prüfen und weiterzuentwickeln. Dabei analysiert sie neben der Bedeutung einzelner Lebensbereiche oder Funktionssysteme auch die Wechselwirkungen zwischen Teilhabepositionen in mehreren Dimensionen.

Teilhabe entsteht in einer Wechselbeziehung zwischen strukturellen Lebensbedingungen und individuellem Handeln. Daher berücksichtigt Teilhabeforschung den Einfluss von Möglichkeiten der Selbstbestimmung und Partizipation auf den Teilhabeprozess. Damit ist sie in der Lage, gesellschaftliche Ursachen für die Ungleichheit von Möglichkeiten der Daseinsentfaltung zu bestimmen sowie Wohlfahrtspositionen zu beschreiben und zu vergleichen. Sie sensibilisiert für Barrieren, Teilhabeeinschränkungen und für Widersprüche zwischen öffentlichen Angeboten und Leistungen sowie individuellen Teilhabeansprüchen.

6.2 Anwendungsorientierung – auch über Handlungsfelder hinweg

Teilhabeforschung leistet einen Beitrag zur Verbesserung von Teilhabechancen von Menschen mit gesundheitlichen Beeinträchtigungen und anderen Gruppen, deren Teilhabe gesellschaftliche Barrieren entgegenstehen. Insofern ist Teilhabeforschung anwendungsorientierte Wissenschaft. Indem sie Gleichheits- und Gerechtigkeitsvorstellungen rekonstruiert und darstellt, macht sie diese der Reflexion und Überprüfung zugänglich. Als politiknahe Wissenschaft arbeitet sie an der Informationsbasis für die politische und gesellschaftliche Aushandlung von Teilhabenormen und für die Planung inklusiver Strukturen und sozial-politischer Leistungen zur Teilhabe.

Teilhabeforschung soll die Bedingungen und Barrieren von Möglichkeits-räumen der Teilhabe erfassen. Gegenstand der Beobachtung ist damit auch die Verwendung und Entwicklung des Teilhabebegriffs in den Handlungsfeldern selbst.

Teilhabeforschung sieht die Schaffung wissenschaftlich begründeten Hand-lungswissens als Beitrag zur Umsetzung der Ziele und Inhalte der UN-BRK. Hieraus ergibt sich ein breites Spektrum von Forschungsthemen, das hier nur exemplarisch ohne Anspruch auf Vollständigkeit angesprochen werden kann.

Zu den Barrieren und Förderfaktoren für eine gelingende Teilhabe von Menschen mit Behinderungen gehören auch Effekte der sozialen Wahrnehmung sowie Haltungen und Einstellungen der Umwelt. Teilhabeforschung ermittelt Ein-flussbedingungen der materiellen und technischen Umwelt (Zugänglichkeit nach Art. 9 UN-BRK) auf Teilhabe, z. B. in Forschungsprojekten zur Entwicklung bzw. Umsetzung eines „Universal Design", also eines „Design(s) von Produkten, Umfeldern, Programmen und Dienstleistungen in der Weise, dass sie von allen Menschen möglichst weitgehend ohne eine Anpassung oder ein spezielles Design genutzt werden können" (Art. 2 UN-BRK).

Teilhabeforschung begleitet wirkungs- und anwendungsorientierte Maßnahmen, Programme und Konzepte zur Förderung und Verbesserung von Teilhabechancen und Teilhabeprozessen. Dazu setzt sie sich auch intensiv mit den Wirkungen und Nebenwirkungen etablierter Unterstützungskonzepte und institutionalisierter (Sonder-)Systeme auseinander. Dabei spielt auch die Erfassung der subjektiven Wirkung und Zufriedenheit der Betroffenen mit Leistungsprozessen eine wesentliche Rolle.

Auch wo sich Teilhabeforschung auf bestimmte sozialpolitische Handlungs-felder (z. B. Menschen mit gesundheitlichen Beeinträchtigungen) konzentriert, analysiert sie Bedingungen für Teilhabe möglichst umfassend und handlungs-feldübergreifend. Damit unterstützt sie die Akteure über Rechtskreise hinweg bei der Entwicklung und Durchsetzung eines gemeinsamen und praktisch wirksamen Teilhabeverständnisses. Sie schafft die Fähigkeit, Teilhabebeein-trächtigungen auch an den Schnittstellen von Handlungsfeldern zu analysieren, die in den aktuellen Diskursen z. T. noch wenig Beachtung finden (z. B. Armut und Behinderung, Behinderung und Migration). Einflussfaktoren der Handlungs-felder werden dabei insbesondere auch in ihrer Wechselwirkung betrachtet.

6.3 Methodische Zugänge zu Teilhabe als Prozess

Teilhabeforschung entwickelt Methoden und Instrumente zur quantitativen und qualitativen Bestimmung von Merkmalen und Einflussfaktoren der Teilhabe. Für die Erfassung der Dynamik von Teilhabeentwicklungen kommt es auf die Entwicklung und den Einsatz von Instrumenten an, die Veränderungen von Lebenslagen und Teilhabepositionen – etwa im Zuge sozialpolitischer Maßnahmen – abbilden können. Die Forschung ist insbesondere gefordert, die Herstellung von Teilhabe als Prozess zu erfassen: Erhebungsinstrumente und Verfahren müssen die Entscheidungsspielräume und Wahlhandlungen sichtbar machen, die den beobachteten Teilhabeergebnissen zugrunde liegen. Sie sollen das Gelingen von Teilhabe sowie Teilhabebeschränkungen im zeitlichen Verlauf über Lebensphasen hinweg und im Zusammenhang des Lebensverlaufs erfassen. Neben objektiven Kriterien berücksichtigt Teilhabeforschung das subjektive Teilhabeverständnis und individuelle Bewertungsmaßstäbe von Betroffenen. Dass Menschen mit diversen Eigenschaften und Voraussetzungen fähig sind, Ansprüche an eigenständige Lebensführung zu formulieren und zu verwirklichen, bildet dabei eine forschungsleitende Annahme. Damit nähert sich Teilhabeforschung auch methodisch dem Verhältnis zwischen Individuum und Gesellschaft stärker (als z. B. im Zeichen von Inklusion) aus der Perspektive des Subjekts, indem sie danach fragt, welche Kontexte und Ressourcen für eine Person lebensweltlich relevant und bedeutsam sind – auch in Abhängigkeit von Lebensverläufen.

6.4 Individuelle Teilhabe erfassen

Da der Spielraum individueller Lebensführung das Maß der Teilhabe ist, zielen teilhabeorientierte Forschungsdesigns darauf ab, Individualdaten zu erheben oder für den Forschungsprozess zu erschließen und auf dieser Grundlage typische Teilhabesituationen und -barrieren zu bestimmen. Einzeldaten können durch quantitative (repräsentative) Befragungen, durch qualitative Befragungen und Beobachtungen und durch Auswertung fallbezogener Daten aus Leistungsprozessen gewonnen werden. Um Dynamiken des Ausschlusses und Wirkungen gelingender oder beschränkter Teilhabe auf Übergänge und Lebensverlaufsmuster zu erfassen, sollten im Idealfall Längsschnittdaten zu den einbezogenen Personen erhoben und ausgewertet werden.

6.5 Partizipative Forschung

Besonderes Augenmerk im Kontext von Teilhabeforschung erhalten Methoden partizipativer Forschung (vgl. AG Partizipative Teilhabeforschung 2019). Partizipative Forschung versteht den Forschungsprozess als Koproduktion wissenschaftlicher und nichtwissenschaftlicher Akteure im jeweiligen Feld und bezieht die besondere Expertise von Menschen mit Teilhabebeeinträchtigungen als Erfahrungsexpertinnen und -experten sowie die Erfahrungen ihres sozialen Umfeldes bei der Bestimmung der Forschungsgegenstände, bei der Wahl der Methoden und bei der Interpretation von Ergebnissen ein. Das stellt einen hohen Anspruch an die Transparenz des Forschungsprozesses und an die Bereitschaft von Forschungsakteuren zur Kommunikation und kritischen Reflexion der Ergebnisse mit Fachöffentlichkeit, Betroffenen und Angehörigen. Partizipative Forschung verspricht, subjektive Teilhabeansprüche, Lagebewertungen und Wahlentscheidungen der Subjekte angemessener erfassen zu können, sodass Erkenntnisse der Forschung einen praktischen Beitrag zur Lageveränderung und zur Erweiterung von Teilhabechancen leisten.

Teilhabeforschung öffnet sich dem Anspruch der Betroffen auf Beteiligung über alle Phasen des Forschungsprozesses hinweg und leistet einen Beitrag zur (Weiter-)Entwicklung von Ansätzen und Methoden partizipativer, transdisziplinärer und transformativer Forschung.

Literatur

AG Partizipative Teilhabeforschung im Aktionsbündnis Teilhabeforschung. (2019). Aktueller Stand der Diskussionen der AG Partizipative Teilhabeforschung (Aktionsbündnis Teilhabeforschung) vom 15.05.2019. https://teilhabeforschung.org/index.php/arbeitsgruppen. Zugegriffen: 21. Apr. 2020.

The manufacturer's authorised representative in the EU is Springer
Nature Customer Service Centre GmbH, Europaplatz 3, 69115 Heidelberg,
Germany. If you have any concerns regarding our products, please
contact ProductSafety@springernature.com

Printed and bound by CPI Group (UK) Ltd, Croydon, CR0 4YY
28/04/2026
02098534-0001